懂编程的孩子更聪明

唐一 编著

清華大学出版社
北京

内容简介

为家长解答什么是编程，为什么要学编程，儿童编程现状如何，年龄小的孩子如何学编程，如何让他们愿意学编程，学编程对儿童有哪些好处，以及编程的发展趋势等问题；阐述编程在生活中对于家长、老师、孩子的影响；说明儿童编程是投入最小、回报最大的一门学科；分析儿童编程的市场接受度，并列举国内外优秀案例；介绍儿童编程的学习方式、编程课程、玩中学模式等。

图书在版编目（CIP）数据

儿童编程：懂编程的孩子更聪明 / 唐一编著. —北京：清华大学出版社，2019
ISBN 978-7-302-51878-5

Ⅰ. ①儿… Ⅱ. ①唐… Ⅲ. ①程序设计－小学－教学参考资料 Ⅳ. ①G624.583

中国版本图书馆 CIP 数据核字（2018）第 283389 号

责任编辑：郭 赛
封面设计：唐 一
责任校对：徐俊伟
责任印制：沈 露

出版发行：清华大学出版社
网 址：http://www.tup.com.cn, http://www.wqbook.com
地 址：北京清华大学学研大厦 A 座 邮 编：100084
社 总 机：010-62770175 邮 购：010-62786544
投稿与读者服务：010-62776969，c-service@tup.tsinghua.edu.cn
质 量 反 馈：010-62772015，zhiliang@tup.tsinghua.edu.cn
课 件 下 载：http://www.tup.com.cn,010-62795954
印 装 者：三河市君旺印务有限公司
经 销：全国新华书店
开 本：170mm×235mm 印 张：19.75 字 数：345 千字
版 次：2019 年 4 月第 1 版 印 次：2019 年 4 月第 1 次印刷
定 价：99.00 元

产品编号：080911-01

我用一年时间自学儿童编程和3D工艺

大家好，我是郭佳熙，今天和大家分享我用一年时间学习儿童编程和3D工艺的过程。

科技搭上了高速列车，现代的科技日新月异，稍不留神，旧的技术就会被新的技术所取代。机器人、3D设计、克隆羊、风扇笔等，一个个富有科幻感的产品纷纷“登场”，向人们展示着它们的神奇之处。

而我，也有幸当了一回“时尚潮流”的追随者，和那些尖端科技交了一回朋友呢！

现在，请让我隆重介绍我在这次“赶潮流”中交到的2个朋友——儿童编程和3D工艺。

前言

走进编程学习的奇妙世界

2017年，我参加了第二届“耀华中港少儿诵读大赛”，荣获了最受欢迎小主播奖，在备受鼓舞的同时，还获得了编程中国提供的一年儿童编程学习课程。

因学习儿童编程，我与唐一老师结缘，由他领着我走进了另一个奇妙的世界——计算机语言的世界。

神奇的编程
会听懂我的指令

2017年5月，我满怀兴奋与忐忑，迎接了儿童编程这位全新的朋友。

唐一老师发给妈妈一个操作软件和学习视频。我通过视频学习到软件的操作方式，并成功地完成了第一课的编程要求——小飞碟的移动。

现在回想起来这个课程很简单，只有一个指令：当程序开始时，向右移动XX步。我按照视频里教的方法，把指令拖到编程界面中，输入相关的数值后再运行。我看到我的小飞碟在屏幕上根据我的指令飞来飞去，这不禁令我大吃一惊，原来编程是这么神奇，它能听懂我的指令。

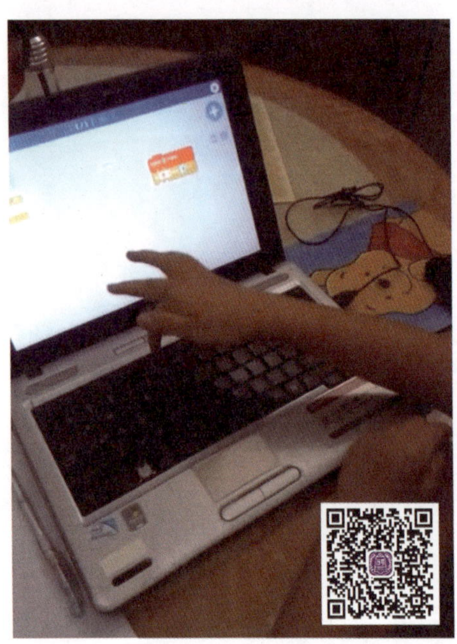

问唐一老师
他一定有办法的

随着所学单元的增多，课程也越来越难，有几次我几乎想要放弃了，特别是在学习第三单元小怪物吃糖果的时候，我第一次接触到两个数据模块镶嵌在一起。因为我还不能理解其中的操作原理，模块总是不听使唤地跳出来，二者无法正确镶嵌。当时的我只有十岁，没什么耐心，每一次看到模块又被弹出来的时候，我都会气急败坏地乱吼一通，然后像一只泄了气的皮球一样瘫软在椅子上不肯再做。

妈妈见状便安慰我说："没有事的，再试一下吧！有什么问题我们可以问唐一老师，他一定有办法的。"

说起唐一老师，我从来没有见过他，我们只是通过微信进行交流。不管我遇到什么问题，只要问唐一老师，他都能及时给我解答。而且我有好几次做不好，反复发生同样的问题，他却从来都不生气，仍然会很耐心地一次又一次地解释给我听。

所以，当妈妈提到向唐一老师请教的时候，我便打起精神又做了一次，一次、两次、三次，直到我完全明白了镶嵌的方法和技巧为止。

我喜欢这种高科技的学习模式

通过学习编程，我获得的不仅仅是有了耐心。唐一老师还要求我每次在看学习视频或操作的时候都要记笔记。刚开始的时候我记的笔记更像是画画，毫无思绪。

每次把笔记提交给唐一老师后，他都会在我做的笔记上提出新问题或者建议更好的记录方式。我从唐一老师那里学会了思维导图，学会了归纳和整理笔记的方式，这使我更加喜欢这种高科技的学习模式了。

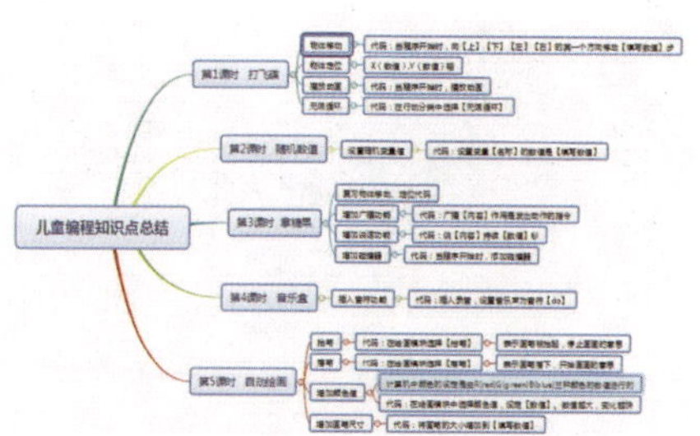

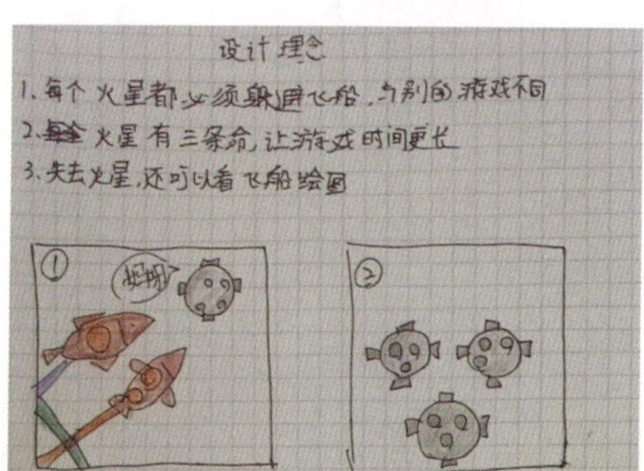

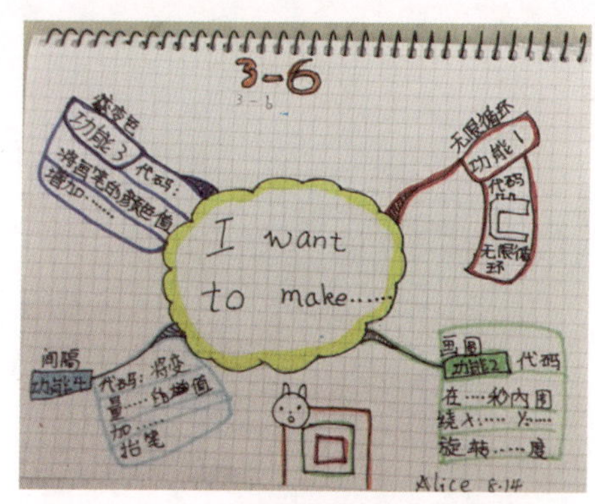

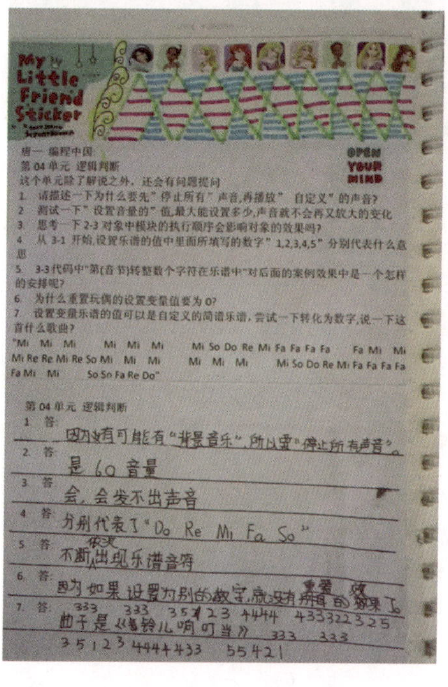

唐一 编程中国
第 04 单元 逻辑判断
这个单元除了解说之外，还会有问题提问
1. 请描述一下为什么要先" 停止所有" 声音,再播放" 自定义" 的声音?
2. 测试一下" 设置音量的" 值,最大能设置多少,声音就不会再又放大的变化
3. 思考一下 2-3 对象中模块的执行顺序会影响对象的效果吗?
4. 从 3-1 开始,设置乐谱的值中里面所填写的数字" 1,2,3,4,5" 分别代表什么意思
5. 3-3 代码中"第(音节)转整数个字符在乐谱中"对后面的案例效果中是一个怎样的安排呢?
6. 为什么重置玩偶的设置变量值要为 0?
7. 设置变量乐谱的值可以是自定义的简谱乐谱，尝试一下转化为数字,说一下这首什么歌曲?
"Mi Mi Mi Mi Mi Mi Mi So Do Re Mi Fa Fa Fa Fa Fa Mi Mi Mi Re Re Mi Re So Mi Mi Mi Mi Mi Mi Mi So Do Re Mi Fa Fa Fa Fa Fa Mi Mi So So Fa Re Do"

第 04 单元 逻辑判断
1. 答: 因为如有可能有"背景音乐"，所以要"停止所有声音"。
2. 答: 是 60 音量
3. 答: 会，会发不出声音
4. 答: 分别代表了"Do Re Mi Fa So"
5. 答: 不断依次出现乐谱音符
6. 答: 因为如果设置分别的数字，就没有重置的效果了。
7. 答: 333 333 35123 4444 433322325
曲子是《铃儿响叮当》 333 333
35123 4444433 55421

认识3D工艺

2018年3月，唐一老师带着我认识了第二位朋友——3D工艺。由此，我又结识了冯荣发老师。素未谋面的我们仍然是通过微信进行交流。接触3D工艺后，我发现原来所有的高科技都是需要耐心、恒心和坚持的。

和编程一样，在经过无数个困难以后，我终于学会了各种图形的组合和切割等功能。在3D工艺里，制图是很重要的，另一个重要的技术是打印设置。如果打印设置技术不过关，那么也没办法将设计的模型制作为成品。

“战舰”是这样“做”出来的

记得我的第一个模型作品是战舰。我在软件里已经设计好了战舰的模型，准备打印出来。第一次打印总是那么兴奋，可是残酷的现实是当打印到一半时，作品被打乱了，变成了一团麻绳似的东西。妈妈急忙录视频发给冯荣发老师和唐一老师确认，他们一语中的，从视频中判断出了错误发生的原因，然后在微信里教我怎么设定打印设置，还详细说明了每个设置的功能。

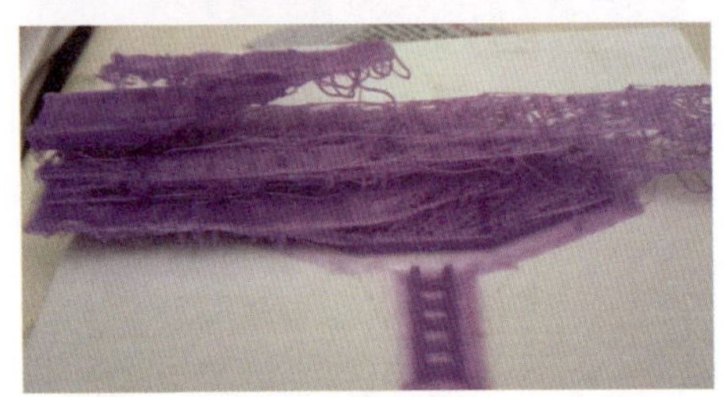

经过十几次的打印和磨合，在经历了4个周末后，我的1号作品——战舰终于被成功打印出来了，这令我欢欣鼓舞！

我记得那天的天气特别好，阳光似乎有意要赶来庆祝似的，在我家的阳台上探头探脑。

房间里的打印机一直发出“吱吱”的声音。每半小时妈妈就录视频发给冯荣发老师和唐一老师确认。

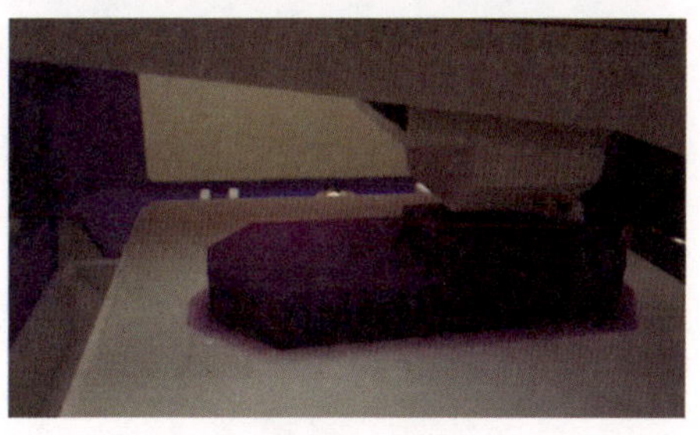

大家都祈祷着能成功打印。一层又一层，打印机头按照设定的顺序来回划着，模型也整齐地、慢慢地长高。两个多小时过去了，当战舰最上层的船舱打印完毕时，我们发出了“耶”的欢呼声，妈妈更是赶紧把最后的视频发给了两位老师。唐一老师和冯荣发老师几乎是在瞬间发来了一个V形手的表情包，透过屏幕，我能感受到两位老愉悦的心情。

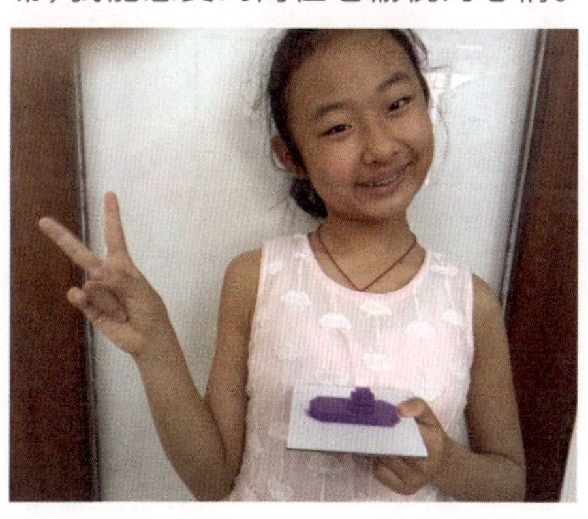

儿童编程+3D工艺
让我真正地学以致用

长达一年的学习，让我充分地了解到现在的学习可以通过强大的互联网和微信等各种方式开展。以前我想也不敢想的高科技居然这么零距离地呈现在我的面前，不同地域的人因同一件事情而相识、相知、互信、互助。

我也很感谢妈妈愿意为我提供这样的机会，让我接触到儿童编程和3D工艺，虽然课程占用了我的学习时间，但是通过这两个新学科，我能把课堂上学习的数学知识活用起来，我觉得这样的学习方式可以达到真正的学以致用。

俗话说“功夫不负有心人”，别忘了，只要我们努力付出，总会有人不远万里、跋山涉水地来帮助你，使你收获成功与喜悦。学习的路还很长，我要更加努力。

孩子在线学习儿童编程和3D工艺总结

大家好，我是郭妈妈（黄晋），今天和大家分享郭佳熙学习儿童编程和3D工艺的过程总结。

因机缘巧合，佳熙获得了编程中国的一年课程。而我不经意的决定却给她带来了一个全新的世界。我特别喜欢唐一老师说的一个关键词——火种。当我从唐一老师那里接过这个小小的火种并指引佳熙时，无意间就点亮了她在某个领域的未来。

佳熙从2017年5月开始正式接触编程，在这之前她在电脑操作方面完全是零基础。我从开机开始演示给她看，然后再打开唐一老师发来的视频网址，整个过程孩子都充满了好奇。观看完视频后我让佳熙尝试自己操作，当她看见自己模仿编写的代码被执行后实现了小飞碟左右移动的效果时，这个小成就大大地调动了孩子学习的积极性。

佳熙学习课程后的变化

01 提高了自主学习的能力

编程的学习主要是通过观看视频和实际操作而进行的。这样的学习方法潜移默化地提高了孩子的自主学习能力，因为孩子要自己看、自己想再自己操作。

02 学会高效记录笔记

当课程不断升级、加深难度时，一些功能的实现是需要很长的代码才能完成的。孩子的瞬间记忆已经无法满足这样的学习要求了，所以，在观看视频时就不得不记录笔记。思维导图、流程图这种记录学习笔记的方法更加巩固了自主学习的能力。记录笔记的习惯已经被她运用在语文和数学的课前预习中了。

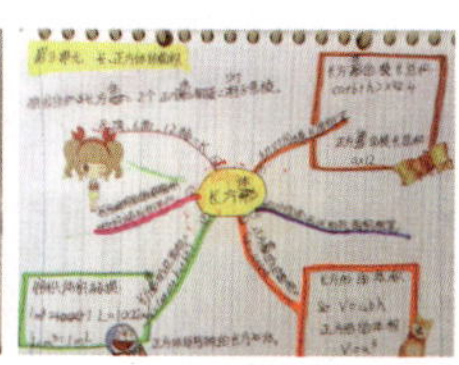

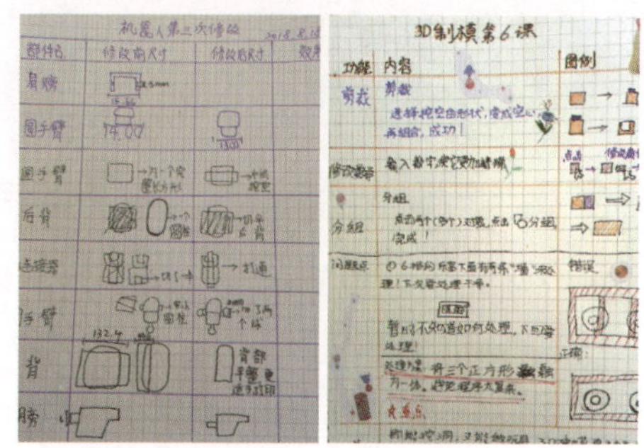

03 学会提问和交流

每当孩子遇到困难时，唯一的解决方法就是向唐老师请教。因为孩子与唐一老师是通过微信交流的，所以孩子在提出问题时，自己要事先整理好沟通的内容再向老师提问。而唐一老师在收到问题并解答后也会抛出一些新的问题让孩子回答，这样一边交流，一边理顺思路，使孩子学会了如何提出问题并得到正确的解决思路。

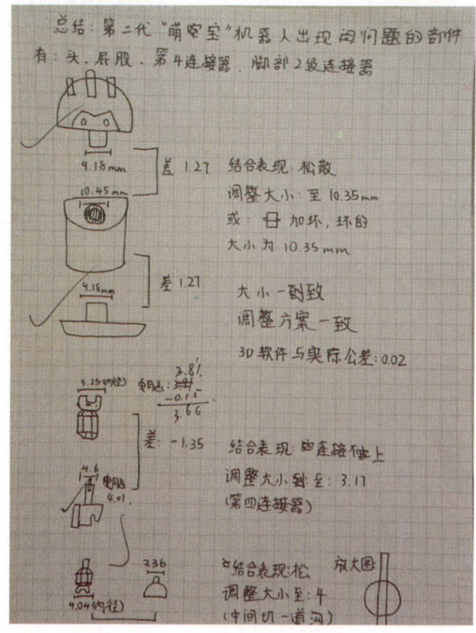

04 提高了演说能力

我非常喜欢的一个学习环节就是唐一老师要求孩子要在完成编程后录视频，孩子一边展示作品一边为她的作品做说明。

例如代码的说明、功能的说明还有设计的说明等。这样的学习方式提高了孩子的演说能力，让孩子能更加自信地展示自己。

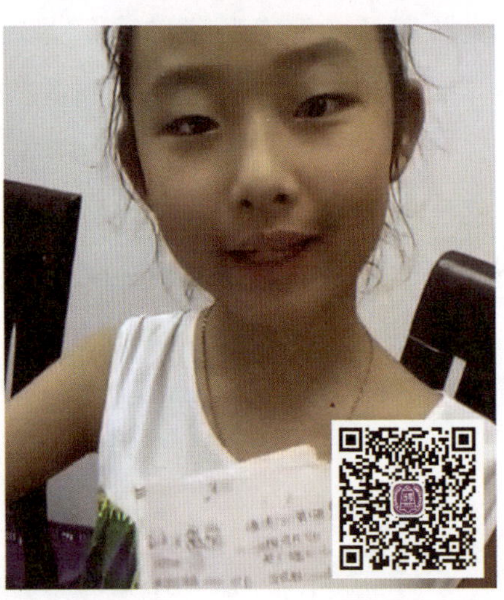

引领进入全新领域 帮助她勇敢地前进

虽然这一年来我们一直都是通过微信与超有爱心的唐一老师进行沟通和学习的，但是学习上完全无障碍，孩子也是越学越有兴趣，越学越自信，对自己想要做什么也是越来越明确，这与传统的教学方式完全不同。按照传统的教学方式，孩子只是被输入知识，是否能完全理解并运用是无法预知的。

但是这种在线学习的方式是通过自己提出问题并寻求帮助，最后实现成果，这使孩子从被动学习转变为主动学习，并能将所学知识完全输出、运用于实际生活，让孩子在游戏中学习并收获知识。

我觉得佳熙通过这一年的编程学习，不仅仅学会了编程，更重要的是她学会了如何学习、如何整理思路、如何实现自己的想法。当佳熙在学校里遇到问题时，她敢于向老师寻求帮助，有时也能对老师说的一些解题方法提出质疑，这是我们喜闻乐见的，她的成长是看得见的。

我们在学习编程后又学习了3D制图和3D工艺技术。对于没有空间想象力的她而言，这个学科正好填补了她在这方面的不足。所以说每一个学科都是有必然的关联并相互贯通的。我非常感谢编程中国的唐一老师，是他给了佳熙一个火种，引领着她进入全新的领域，帮助她向着未来积极勇敢地前进。

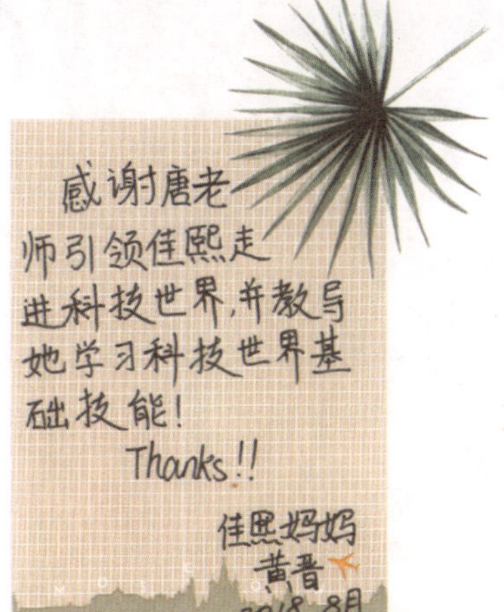

感谢唐老
师引领佳熙走
进科技世界，并教与
她学习科技世界基
础技能！
Thanks!!
佳熙妈妈
黄晋
2018.8月

郭妈妈联系方式:

头条 郭妈妈向前冲

ively

世界资讯科技IT巨头学习编程时间

Apple创始人
Steve Jobs
12岁接触编程

腾讯创始人
马化腾
18岁接触编程

Facebook创始人
Mark Zuckberg
12岁接触编程

小米创始人
雷 军
19岁接触编程

01
• 编程中国 •
CODECHINA.ME

原来他们
年纪小小
就学编程

Microsoft创始人
Bill Gates
13岁接触编程

百度创始人
李彦宏
13岁接触编程

Dropbox创始人
Drew Houston
14岁接触编程

Twitter创始人
Jack Drosey
8岁接触编程

名人谈编程教育

Mark Zuckerberg
Facebook创始人

「我们在脸书(Facebook)的政策就是雇用每一个我们可以找到的有才能的工程师。现今有训练、有技术的人就是不足。」

Mitchel Resnick
麻省理工学院媒体实验室

「编程设计是一种未来人们组织、表达、分享想法的新形式，就像学英文，不仅学单词和语法，更要学会自由表达自己。」

Obama
第44任美国总统

「在新经济时代，编程设计不再是选修科目，而是基础能力，就像读、写、算一样重要。」

Mark Surman
Mozilla基金会执行董事

「编程已经成为第四种语言，了解互联网世界如何运作不再是工程师的专利，而是人人有责。」

Salman Khan
可汗学院创始人

「为全人类的下个世纪着想，无论孩子未来的职业为何，我们应该让他们学会计算机编程的技巧。除了读与写，计算机编程的能力将成为判断一个人受教育程度的标准。」

Susan Wojcicki
谷歌高级副总裁

「学习编程语言让孩子们培养创造力与建立自信。如果我们希望女孩们保有这些特质直至成年，让她们从小接触计算机编程是绝佳方法。」

Toomas Hendrik Ilves
爱沙尼亚总统

「我不认为编程语言是一门艰深难懂的学问，它由严谨的逻辑组合而成，事实上，编程语言还比一般外语的语法更具逻辑，直到今日，我还是认为学习编程对我的生涯发展有莫大的帮助。」

Frank Meehan
美国创投基金创办人

「父母的责任就是帮助孩子找到属于自己的工具，让他们能迅速跟上世界的变化。」

Dick Costolo
Twitter CEO

「如果你能在计算机上写程序，你就能达成你的梦想。计算机不会在意你的家庭背景、你的性别，你只要知道怎么写 code，但却只有极为少数的学校会教。」

< 通过学习编程获得成功的孩子 >

THOMAS SUAREZ

天才编程小子Thomas Suarez受Steve Jobs以及父母的影响，很小就开始学习Python、Java和C语言。Suarez开发了知名的iPhone应用Bustin Jieber，还创建了自己的公司CarrotCorp。

LUCIA SANCHEZ

一款在Google Play上推出的免费游戏Crazy Block出自一名毫无程序开发经验的 14 岁西班牙小女孩 Lucia Sanchez。她花了两年的时间自学编程语言，在 Youtube影片教学和网络资源的帮助下独立开发出了这款游戏。

ANDREA & SOPHIE

两名来自纽约的女孩 Andrea 和 Sophie 共同开发了一款游戏Tampon Run，游戏在推出后受到热烈的讨论，两名小女生也因此一夜成名。

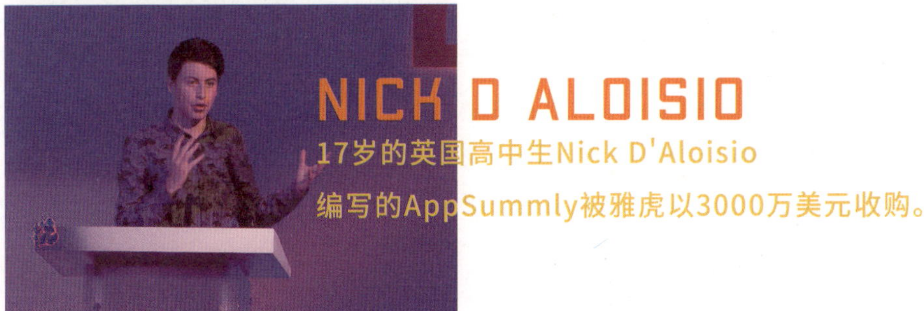

NICK D ALOISIO

17岁的英国高中生Nick D'Aloisio

编写的AppSummly被雅虎以3000万美元收购。

〈目 录〉

第01章

STEM到STREAM的演变

探讨欧美地区的STEM主题内容以及中国从STEAM到STREAM的转变过程。

第02章

编程教育从娃娃抓起

邓小平说过"计算机的普及要从娃娃抓起",大朋友们不妨现在就从"娃娃"开始学习计算机编程知识吧。

第03章

编程教育的价值追求

儿童学习编程的价值是什么?儿童在学习了编程之后会有什么收获?家长应该抱着怎样的态度看待儿童编程?

第04章

儿童编程教育辩论

儿童编程是让孩子未来当程序员吗?是不是要用英文输入?
这个章节可能会解答所有你能想到的关于儿童学习编程的问题。

第05章

推进学校信息课程体系

了解世界各地怎样推进孩子5岁以上就开始学习编程以及学习的内容和教育工作者应该如何教导孩子学习编程。

第06章

计算机思维,让你像电脑一样思考

学习计算机思维的4个概念以及这些概念是如何体现在生活当中的。通过火种编程软件体验这些概念是如何转化成指令代码的。

第07章

思维导图和流程图

利用思维导图激活全脑学习编程,不只是单纯地学习编程技术。

掌握绘制思维导图的方法以及将思维导图应用在其他学科。

106 页
01 思维导图也叫心智图

110 页
02 流程图

第08章

游戏化编程——编程一小时

让5~7岁的孩子通过1小时的游戏时间理解编程的概念。

116 页
用一小时和孩子在家学编程、玩编程

第09章

火种图形化编程实战接触

实战学习图形化积木式编程工具——火种。

130 页
01 火种工具介绍

131 页
02 火种和其他编程语言有什么区别

132 页
03 火种图形化编程4大学习法则

133 页
04 火种的安装、设置、使用和支持介绍

137 页
05 14种火种图形化编程知识点实操

第10章

火种图形化编程项目式学习流程

心智图、流程图和编程结合的学习流程。家长或老师可参照本章在家指导孩子学习编程，也能让孩子自学。

附录

编程一分钟，掌握10个主题、116个模块的编程技巧

通过1分钟的风趣幽默的短视频学会运用火种编程软件的10大主题(事件、控制、行动、动画、外观、声音、绘画、物理、变量、定制)、116个模块编写出各种程序效果。

< 鸣谢 >

科學技術發展基金
F D C T

A member of | Um membro de
澳門青年創業孵化中心
Centro de Incubação de Negócios para os Jovens de Macau
Macao Young Entrepreneur Incubation Centre
會員

澳門國際青少年文化藝術交流協會
Macao International Youth Culture And Art Exchange Association

给孩子创
Empowering child
奇宝科技
KIDBOT.CN

未来的力量
create their future
编程中国
CODECHINA.ME

第01章

STEM到STREAM的演变

世界正在改变，以前的学习有三个要素：读书、写字和数学，现在则多了一项：编程。

【 主

题 】

01 谈论编程前,先说STEM

关于STEM这个名词,在我交谈过的家长中只有20%的人知道这四个英文字母分别代表什么意思。至于STEM课程能为儿童带来什么样的学习效果,家长对深层的理解就此止步。

< 常常听到STEM,那什么是STEM呢.01 >

STEM是Science(科学)、Technology(科技)、Engineering(工程)、Mathematics(数学)的首字母缩写。STEM同时具备跨学科、趣味、体验、情境、协作、设计、艺术、实证和技术增强9项核心特征。

STEM——对国家的经济、社会、健康和安全都起到极其重要的作用。不过目前在从幼儿园到高中的学习阶段,学生只是集中学习了Science(科学)和Mathematics(数学)。较少注意到令人类可以创作产品和系统的Technology(科技)以及设计制造的Engineering(工程)。而且这4个学科一般都会被分开独立教学。

在新一代的环境下,我们需要重新将这4个学科连接在一起观察,不再只看个别学科。毕竟在现实世界中,科学就已经把科技和数学结合在了一起,而工程又需要将科学、科技以及数学相结合。

所以,STEM希望借助孩子对Science(科学)的探索、Technology(科技)的研究、Engineering(工程)的制造、Mathematics(数学)的计算,从而能够自己解决问题。所以,新一代的孩子需要学习把这4个学科的内容连接,这样更易于他们观察世界。

02 STREAM教育——中国信息教育新动向

< 时间回到13年前.01 >

2006年

美国总统奥巴马已经提及培养具有STEM素质的人才将会是美国提高全球竞争力的关键。

2009年

美国国家科技协会向奥巴马提议在中小学前发展STEM教育需要成为重要任务之一。

2011年

奥巴马推出"美国创新战略"政策,指引公立和私立部门联手加强STEM教育。

2014年

白宫和美国教育部提出STEM人才培育战略,加大投入老师培训、专家和教师团队以及各种资助。

由此可见,美国是最早提倡STEM教育的国家,他们意识到STEM教育将关乎国家的未来发展和核心竞争力。

自从在中国春晚和互联网大会出现了机器人后,STEM这个词语就被重新激活起来。现在,网络上也出现了很多解释STEM的内容的文章,以供大家学习和了解。

< 奇宝STREAM教育.02 >

包含科学(Science)、科技(Technology)、阅读(Reading)、工程(Engineering)、艺术(Art)、数学(Mathematics)。

< 通过STREAM的学习,孩子会.03 >

01
尝试自己
设计造型

02
解决问题
的方法会更细腻

03
采用计算机
运算思维
处理事情

04 通过混合**不同学科**学习和总结

05 实践到科研发明当中,与社会**需求接轨**

科技的进步是无法避免的,STREAM教育变成主要学科是早晚的事情,一线城市近两年来的落地先拔头筹,已经开展了教学活动,现在也有所效果。相反,二三线城市静观其变,待一线城市试验并通报教学“喜讯”后再执行。

学习内容即使再多,家长若理解不透STREAM的作用,则始终无法奏效,毕竟STREAM教育还未成为主要学科,影响力显然还不大。甚至会让家长觉得这件事情和自己的孩子距离太远。

家长必须明白.04

30年前,就算没有STREAM教育,还是能找到工作的。

但现在就不一定了,因为任何一个行业都需要用到计算机。

STREAM教育不是针对那些我们看不见的制造飞机、大炮、火箭的专家的。它是针对中产家庭的,STREAM教育也不只是针对设计飞机的人的,而是针对造飞机的人的。

科技已经发生了惊天动地的变化,就以我们使用的智能手机为例子,它的运算能力已经超越当年美国发射太空飞船登陆月球所用的机器的总和,实在是远远超出了前人的想象。

奇宝希望STREAM教育能够培育孩子的创业家精神,而创业家精神就需要屡败屡战,通过不断的尝试累积经验,令自己未来的成功几率越来越高。

03 STREAM教育对未来人才培养的启示

< 学校的未来定位.01 >

学校在未来的定位是什么？
是为下一代提供知识？
还是为未来社会提供人才？
“我”相信
还是要和
社会发展相结合。

在中、大、专的学习生涯中，学校就已经安排了“职业生涯规划”课程，让学生在进入社会之前了解社会的各行各业和关心自己的出路以及行业入职要求，以便调整自己的学习路线和技能，在踏出学校大门前具备足够的能力面对社会需求。比较明显的就是计算机学科，我们在上班之前就懂得了如何操作Office。

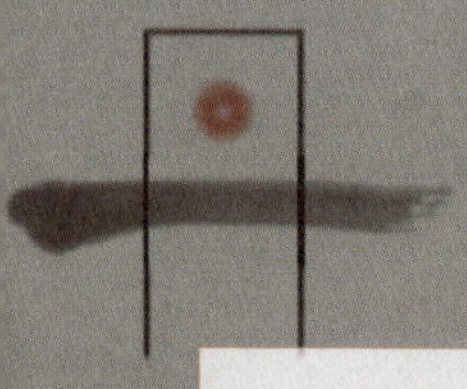

Yidan Prize Forecast

Education to 2030

<《经济学人》教育报告.02>

据《经济学人》发表的教育报告显示,在2030年之前,科技技能对就业有明显帮助。让青年人早点接触科技和使用不同的科技,就业比例就会不一样了。

<《经济学人》对青年人失业率变化的估计.03>

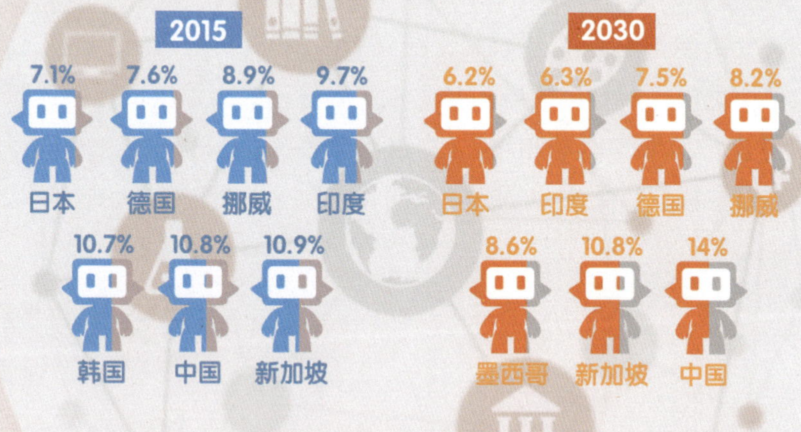

<STEM教育的长远影响.04>

《经济学人》预测在2015年至2030年,中国掌握STEM技能的学生会超过40万人,虽然数量不多,但是他们在同龄的学生中就会处于优势地位。

Produced and written by The Economist Intelligence Unit

04 STREAM教育课程探索

100年前的课堂

当代社会的教育体系是基于1907年的卡耐基基金会模型而建立的,它提出了一系列的问题以评估学生是否具备上大学的条件,因为当时的工人根本不需要自己解决问题,只需要按命令执行就好。

现代课堂

100年前的学生很被动,他们坐在教室里听课,老师在讲台上讲课。
100年后的今天,学校的教育也大体遵循这个模式,
就算有了计算机,教学方式实际上并没有改变,
没有人帮助学生建立关联性,
令教育沦为“填鸭”。

通过科技让孩子表达创意。编程语言将会成为未来孩子的沟通语言。无论是做网页、做App还是做动画，都会应用到编程语言。所以奇宝自行研发了学习计算机运算思维的游戏。

1 指令操作

认识程序运行需要各种功能指令

2 循环指令

熟练使用集合指令与循环指令

3 触发事件

认识各种触碰指令及效果

4 判定指令

学习if…then(如果…,就…)指令

5 游戏制作

设定自己的奇宝飞船游戏

6 综合测试

检验学到的内容

游戏以奇宝仔为游戏主角，以驾驶飞船飞离地球为开端。通过宇宙探索之旅带领孩子学习编程，用一个地球人的思想展开故事。游戏过程中将遇到一系列可视化编程指令的挑战。游戏为孩子建立了一个“未来人”的世界观，突破地域、国籍、肤色的界限，思考方式更超前，逻辑思维更紧密。同时，一个个挑战将会培养孩子独立思考和独立解决问题的能力。

< 奇宝STREAM教育方式.01 >

虽然我所接触过的老师大多都对STREAM这个词语感到陌生。在深入沟通后我发现,真正令他们感觉困难的并非是课程核心,而是课堂上的以千变应万变的情况。

特别是传统学科的老师,他们习惯了在上课前备课的模式,了解课程核心之后才正式上课。

但在编程课堂上,学生的创意和操作步骤可能会产生各种问题,而这种问题又需要老师即时解决。如果老师解决不了的话,就会令在场的学生或者旁观的家长产生疑问,给老师造成巨大的压力。

奇宝STREAM的教育方式是放手让学生自己解决问题,或者让进度快的同学帮助其他同学,让他们互相讨论。老师只掌握基本的软件操作技能和课堂纪律要求即可。

[这也是我在前几年的教学生涯中所累积的教学经验。]

< 家长参与才是最重要的.02 >

家长的理解和参与可以让孩子在学习STREAM时事半功倍。

奇宝曾推出一项名为“小小工程师家庭版”的线上编程学习课程。

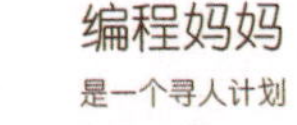

1
我们需要全国的
全职妈妈或者超级奶爸。
2
想学习更好的教育方法或者
有兴趣陪同孩子一起学习儿童编程。
3
成为奇宝“编程妈妈”城市代理人，
陪孩子在娱乐中学习儿童编程，
体验未来科学。

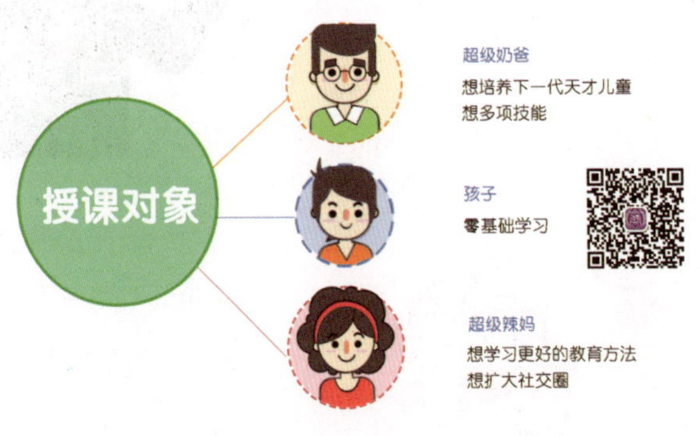

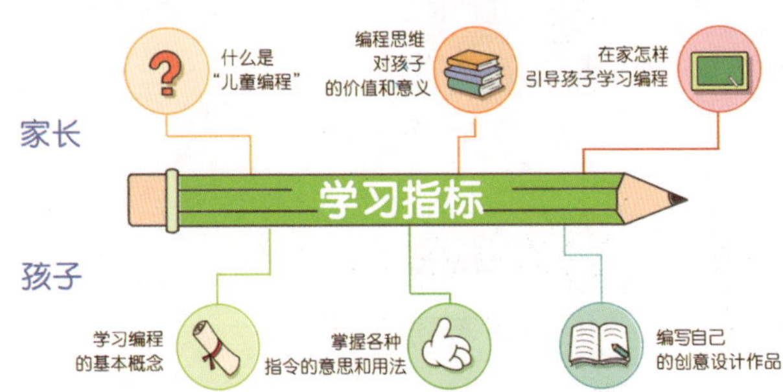

可惜受到了来自家长对STREAM认知不足的阻力，家长认为学习编程就是在玩游戏，同时又耽误学习。

其实，孩子在学习了一项事物后，会对该事物产生愿景和计划，从而推动自己继续学习，但这往往会在孩子接触某个事物之前就夭折了。

05 STREAM在国际上的执行策略

世界各国正在不断呼吁“编程设计是新的读写能力(Coding is the new literacy)。”

< 从大环境看.01 >

编程现今已经渗透各行各业,未来的十年,相信编程会全面覆盖所有行业,没有哪一个行业不会和编程搭上关系。

既然任何行业都和编程有联系,那么在不久的将来就会大量缺乏人才,而人才需要培养,且培养速度需要足够快!

到市场买菜也可以用手机付费

从工业4.0时代到将来的发展,机器人会取代部分行业的人工操控,懂编程的人会优胜于不懂编程的人,他们可以为国家的可持续性发展提供足够的科研力量,提升国家未来的竞争力。

< 从国家推动教育层面看.02 >

美国 2012

前美国总统奥巴马倡议全民学习编程,并在全国开展“编程一小时”公益活动。

英国 2014

YEAR OF CODE
START CODING THIS YEAR
T'S EASIER THAN YOU THINK

2014年是“英国编程年”,英国规定5岁以上的儿童都要在学校学习编程。

爱沙尼亚 130万

ProgeTiiger

人口仅130万的爱沙尼亚在全国推广程序老虎(ProgeTiiger)计划,让7~16岁的学生学习编写程序。

中国香港 30%

會撥出三成時間教寫程式

亚洲地区的新加坡和中国香港等都在公立学校推行编程课程,中国香港更拨出总课时的30%用于程序编写的学习。

编程中国

2015年奇宝建立编程中国项目,经过2年的开发,先后推出了针对5~7岁的儿童的计算机思维学习游戏和面向7~12岁的儿童的编程学习软件“火种Spark”和1年的课程,并先后落地10个城市,2016年开发了“儿童电子工程”和“3D工艺”课程并落地中国香港。

【编程是学习成本最低、效益最大化的学科,它只需要一台计算机和一些软件,学习范围也仅需要一张桌子和一把椅子,而其他学科则需要购置更多的器材和使用更大的场地或者建设一个学习空间。】

KIDBOT
KIDBOT
EDUCATION OF TOMORROW
BRINGS OUT THE GENIUS IN YOUR CHILD
eam is focused on the development of electronic products more suitable for the new era of child
. The combination of tradition and technology, research and development of professional content

第02章

编程教育从娃娃抓起

邓小平 ——“计算机的普及要从娃娃抓起。”

【 主

什么是计算
机语言？

题 】

01 计算机编程无处不在

< 计算机是如何运作的.01 >

你有没有想过你的计算机、手机是如何工作的？计算机看起来确实无所不能，但它只不过是一种能快速和准确地执行命令的机器，其核心是程序，通过编写程序不仅能控制计算机，还能控制机器人。

我们的身边处处都有计算机编程的影子，很多电子设备和工具都是由程序所控制的。

吃饭时观看
电视、电影的程序

经过编程的交通灯能帮
助我们安全地走过马路

坐公交车时的
付费“嘟”卡系统

在超级市场记录着
实况的摄像机

知道孩子位置的
智能手表

能够识别语音的
智能操作系统

这些例子都是通过计算机编程技术实现的能够帮助人类生活的产品，相信在不久的将来还会有更多通过技术的不断发展而出现的新产品。

02 创意需要通过指令实现

< 计算机没有思想.01 >

虽然计算机编程很强大,但计算机不能自己思考,它之所以能够实现功能,都是靠程序设计师编写的一行行的指令实现的。

{ 手机 }

当你要用手机打电话或者发短信时,
程序会帮你找到对应联系人的正确电话号码。

{ 计算机软件 }

计算机可以实现的一切功能,
如浏览网页、听歌、阅读文档、工作,
这些都是靠程序设计师所编写的程序实现的。

{ 游戏 }

游戏也是一种程序。游戏中的图形、声音和控制也是通过程序设计师所编写的代码实现的。

{ 程序 }

由一系列指令所组合成的程序可以让计算机执行各种功能。

指令在编写的时候必须要正确,否则计算机无法执行你想要的操作。

03 什么是计算机程序

计算机程序是指通过一组组指令让计算机执行任务的方式。编程的意思就是指编写出让计算机执行指定工作的指令。

< 指令需要语言编写.01 >

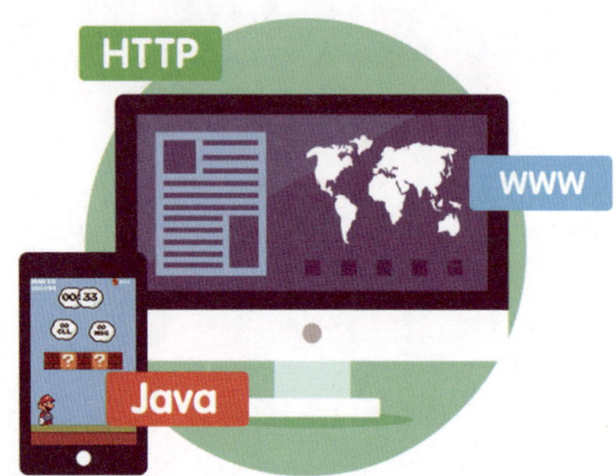

计算机也不是什么指令都能够识别，而是需要用编程语言让计算机理解。不同的程序设计师都会使用不同的编程语言以帮助他们让计算机执行任务。
最原始的编程语言由0和1组成。

< 什么是编程语言.02 >

什么是代码？

什么是计算机语言？

计算机语言有很多种，通常我们都称之为编程语言。这些编程语言会通过一组组指令告诉计算机要做什么。
就像人与人之间的沟通需要语言一样，不同的国家有不同的语言，计算机也一样，也需要特定的计算机语言它才能识别出来，任何偏离了计算机的语言都会让计算机无法识别。
不同的计算机语言适合做不同的任务，比如JavaScript语言就是一种网页上的通用语言。

初次接触编程学习的人常常会问从哪个编程语言开始学比较好。但我认为重点还是取决于你想用哪种编程语言编写自己想做的程序。因为编程语言已被分类出各自擅长做哪些类型的开发。

编程语言也可以被理解成人类的语言，人类语言可以用汉语、英语、日语、西班牙语等讲出相同的意思，但是在实践的时候却取决于你在哪个地方和哪些人沟通。

火种

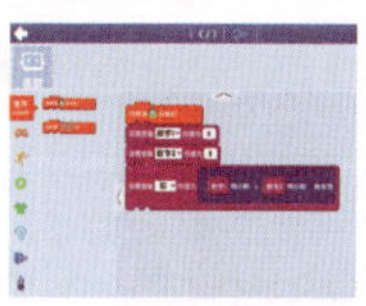

通过积木“代码”模块和拖曳嵌套组合的形式实现想法需求。

Python

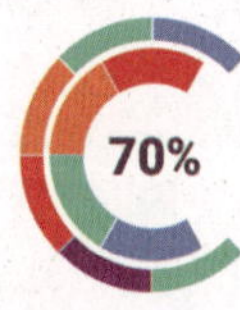

是一个大家都容易上手学习而且功能很强大的语言。

C++

经常用于需要快速编写程序的时候，也可以编写3D游戏。

Java

常用于编写游戏和安卓手机程序。

JavaScript

编写与网页互动的内容，比如菜单栏、输入框甚至在线游戏。它虽然和Java的名字比较相似，但在功能上是有所区别的。

< 你好世界.03 >

无论是哪种编程语言,若想快速检查程序是否有效,程序设计师都会编写一个名为HelloWorld的程序并输出在显示屏上,下面是几种常用的编程语言展示HelloWord的方式。

你可以看到不同编程语言之间的语法的异同。

比如Python和JavaScript看上去差不多,而C++和Java看上去就很不同了,结构和代码量都比较多,而且还需要加上一些特定的符号才能令HelloWorld输出在显示屏上。

同时也不难发现这些代码都有不少符号,如果不小心多输入一个分号或者少输入一个分号或括号,就都会导致程序出错。

04 Coding和Programming有什么区别

我们有时会接触到英文Coding或者Programming,它们在翻译后的意思都是相同的,意思为编写计算机程序时所用到的手段——编程。编程让计算机可以读懂代码并生成程序让计算机执行。

日常生活中我们所接触的方方面面,比如网上银行、手机游戏、GPS等都是通过编程实现的。

< 编程语言和乱码没有什么分别.01 >

家长普遍理解的编程语言,如C、Java等,都是用英文输入、结果也用英文呈现的。

再加上编写时经常会受困于语法的规则,从而无法融入编程的逻辑思维。因此家长会觉得编程很难引发孩子的学习兴趣。

计算机语言虽然十分复杂,但如果将它转化成人类的语言,便会变得十分简单。

05 编程教育——儿童掌握科技能力的新途径

21世纪是00后、10后或之后的孩子最美好的时光。因为以往从来没有任何一台机器仅仅通过简单的步骤就可以访问如此多的资讯和娱乐。当技术、资讯、科技正在主导我们的世界时，它应该在儿童的学习上发挥什么作用呢？

我们所在的今天是一个技术快速进步的世界。我们的工作、沟通、购物和思考方式都发生了巨大的变化。为了应对这些正在快速变化的事物和了解我们周围的世界，我们不仅需要理解这些技术背后的工作原理，还需要学习对其的操作，从而发展技能和提升能力，帮助我们适应这个新的时代。学习编程可以帮助我们了解事物的工作原理，在工作和娱乐的过程中萌生创意想法。更重要的是编程给了我们至高的创造力，让我们可以与世界上任何一个地方的人合作。

当你在学习编程的时候，你可以让计算机按照你的意思执行操作。比如制作一个游戏或者动画，当你按照正确的顺序输入时，它们会告诉计算机你想让它执行什么动作。

学会编程语言，用计算机听得懂的语言，让它帮你做你想要做的事情。

06 编程教育让孩子增加未来的工作机会

《福布斯(*Forbes*)》

杂志在2013年预估美国未来十年的软件人才需求将增加27万个工作机会，增长30%。这意味着具备编写程序能力的人掌握着未来的工作机会。

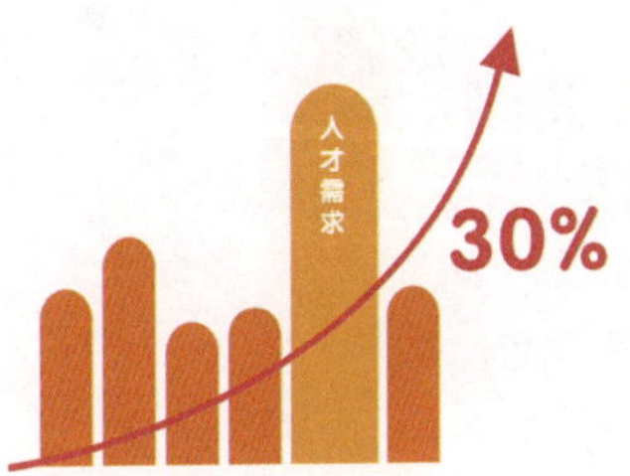

知名媒体 Business Insider

指出在美国2014年的前100大职业中，排名首位的职业就是程序设计师，平均年薪在9万美金(约54万人民币)以上，而且市场中最缺乏的也是资讯科技人才。

中国工业和信息化部软件服务业司的陈伟指出：“十二五”时间我国软件产业的目标是翻三番，与此同时，对软件人才的需求将净增300万，可以说，软件产业的人才缺口巨大。

csedweek.org

网站统计出对于刚毕业的学生来说，计算机专业是薪资最高的专业之一。而且预计到2020年，美国的计算机相关职业将达到140万个。

美国劳工统计局

计算从2010年至2020年，预计美国的程序设计师缺口数量将增长30%，而其他工作预估只增长14%。

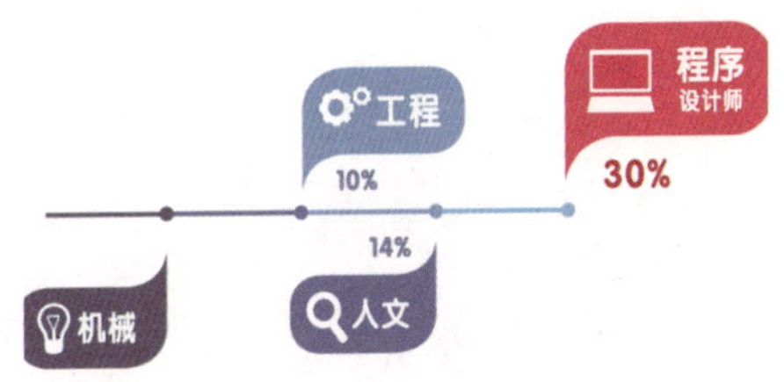

A

KIDBOT

第03章

编程教育的价值追求

在孩子阅读书籍之前就会使用智能设备的时代，
学习计算机学科绝对不嫌早，
他们似乎对电子产品有着与生俱来的喜爱，
就像鱼儿离不开水一样。

【主

题】

C 01 编程是21世纪儿童必须学习的技能

家长已经跟不上电子世界的前进步伐了,他们感受不到电子世界对孩子的影响,反而害怕这个电子世界,所以常常让孩子远离它。但是要让家长做到完全开放,暂时看上去机会并不大。

计算机和智能设备正在吞噬我们的世界,或许它会决定人类的命运,甚至在用尽地球母亲的资源之前,计算机是一个很重要的事物。

家长不应该认为编程是一件在黑色的终端屏幕前用键盘大声地敲击的神秘事件。

编程是21世纪儿童必须学习的技能,是新的文化。学习编程的人必定会走在社会的最前面,因为他们具备计算机思维和查找问题以及解决问题的能力。现在的学习不是为了在未来当程序员,也不一定是专注于代码的学习。领先的技术也不只是靠代码本身,更多的在于学习的人能够像计算机那样聪明地思考,在不同的职业和行业发挥所长。

我们的社会正在变得越来越全球化和数字化。新的媒体和技术不断涌现,迫使我们要适应新的生活、思考和学习的方式。但是适应需要时间,儿童在课堂上学习的编程和他们在职业生涯和社会中实际需要的技能之间仍存在分歧。

在接下来的十年中,编程将成为增长最快的职业之一,但只有40万计算机专业的毕业生填补将近140万个编程工作岗位。更重要的是,一个计算机专业的毕业生可以比其他专业的毕业生的平均收入高出40%。

然而,很少有人知道懂得计算机思维的重要性。更令人担心的是,只有一线城市的极个别学校会教孩子计算机编程,这意味着绝大多数的孩子在完成义务教育课程后将处于不利地位。

02 教孩子编程等于给他们改变世界的机会

计算机科学不仅仅是编写应用程序。对于5~12岁的孩子，真正的目标应该是掌握计算机思维、逻辑思维和创造解决方案的能力，这是几个非常有价值的技能，再加上编写代码的能力，将帮助孩子表达自己，并向全世界展示他们的创意制造。计算机思维不是让学习者使用特定的编程语言，而是学会在结果非预期的情况下怎样思考和解决问题。

学习编程是一个学习编码结构、模块、算法的过程，它就像学习一门语言一样简单。但也不只是编写计算机软件，比如编写控制机器人的程序也属于学习的一部份。

要把孩子学习编程看成孩子在玩耍，因为孩子很清楚自己在做什么，这是一种很自然的行为，就像你给他们一套积木，他们就知道应该怎样玩。

这个年代的孩子的成长背景，已经和家长的成长背景截然不同了。未来，孩子将会遇到由科技所做出来的各种产品，因此理解科技与掌握和机器沟通的语言对孩子的价值观以及生涯规划绝对是有帮助的。而且孩子在学习编程时所发展出的技能，如创意思考、口头表达、团队合作等，都是孩子做任何事情都会用得上的。

03 家长对儿童编程常有的理解误区

创新工场董事长李开复曾说过：机器与人工智能正在逐渐取代人类，许多过去被认为很稳定的职业，未来都可能由机器代劳，而且灭亡的速度会比想象得更快！

李开复分析老一辈人在指导年青人的未来前途发展时，通常会出现5个层面的错误：

01 每个父母都想让孩子走自己走过的路，这是不正确的

02 父母不该用威严逼迫孩子去做一件事

03 父母知道的有可能是错的，因为父母那个年代所发生的事情与现在相比可能已经不是那么回事了

04 过去最热门的行业，现在也不见得热门

05 正在逐渐进入机器和人工智能替代人类工作的时代
在过去，翻译、司机、工人等许多被认为很稳定的工作，未来都可能被机器取代

04 儿童编程突破传统教学的模式

< 突破传统教学和自学方式.01 >

01

淘汰老师教、学生听的学习

学习不能一直靠老师教，
而是要靠自己学、自己动手试。

02

遇到问题自己解决

将事件不断一次又一次地重复执行就行。
?!
循环模块的意思是?

和朋友沟通，通过搜索问题的解决方案，由自己探索，靠自己学习。这种自学的过程正是学校的传统教育所欠缺的。

03

自我挑战

编程没有标准和最佳的答案，
需要不断挑战用更短的代码
写出相同结果。

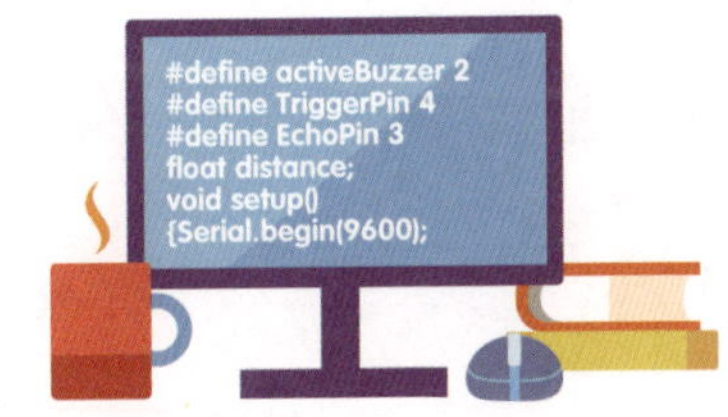

"on start"is an Event block that activates when the play button is touched.
当点击"运行"按钮时，程序自动执行模块下的指令动作

04

精进英文

从编程的环境中提升英文水平。

认知计算机思维.02

01

指令

计算机在工作前需要获取由人类输入的指令。

02

队列

每一段完整的程序指令都会细分为队列的形式,然后按顺序执行。

03

循环

对一个或者多个指令不断重复执行。

04

事件

通过点击、碰撞对象等方式触发一项或多项指令同时运行。

05

逻辑判断

如果程序被触发,某项事件就会根据设定好的条件做出判断,然后运行。

06

运算

在计算器上输入数值进行计算时,程序会自动进行数学计算并将结果呈现。

07

数据

数据用来记录程序在运行时发生的事情,比如游戏中的分数、运行时间等,并且可以对记录的数据进行存储、修改、删除。

08

程序的除错

不论编写的是什么内容,一定会有错误出现。怎样高效率地编写程序和发现程序的问题并且解决问题是很重要的能力。

09

掌握解决问题的步骤的流程

< 对计算机的理解.03 >

01

表达

要理解计算机思维是创造事物的一种方式！认识和他人一起或为他人创造所带来的力量。开启与他人的沟通连接，就可以做出不一样的事情。

02

提问

感受到向世界提问的力量。通过向计算提问，明白这个世界可以计算的事物。

01

问题拆解

将问题拆解成一个个小项目，然后逐一击破。

培养将大工作拆解成小工作的思维模式，令孩子即使面对问题，也不会无从入手。

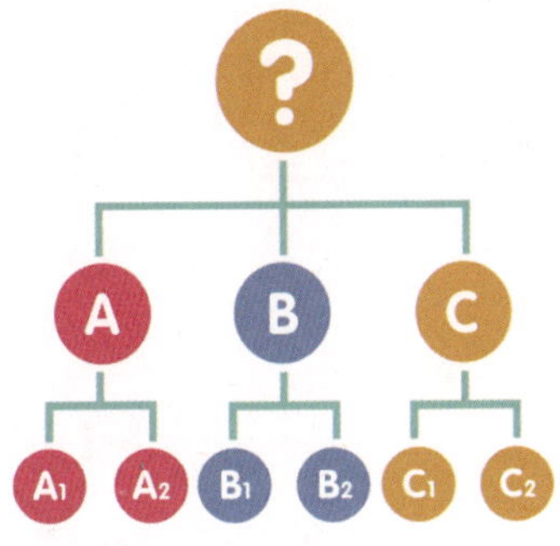

02

试验与重复

先开展几个解决问题的动作或步骤，试验是否可行，然后再开展更多的动作或步骤，并反复进行测试。

03

重复使用与混合

利用现有的解决方案或想法开发新的解决方案。

04

团队合作

学习团队之间的互相配合和学习。

10

编程帮助人类改善
现有的生活

09

编程帮助孩子建立团队
意识和提升团队合作技能

08

编程让孩子学会
自己解决问题

07

编程支持数学运算、
逻辑思维、设计思维
以及程序设计和跨学科的学习

06

编程可以让孩子建立自信
和包容错误

01

编程是儿童新的基础学习技能，
将来的大部分工作都会用到它

02

编程让孩子创造自己的世界
甚至改变未来的世界

03

编程让孩子借助工具表现自己
最酷的一面

04

编程教导孩子制作游戏、动画
以及更多的程序

05

编程是让孩子体验失败的最佳地方

第04章

儿童编程教育辩论

孩子的未来不能因为家长思想的固化而被耽误。
家长踏出第一步,孩子则走向世界。

【 主

题 】

01
是不是一定要用英文编写程序

说到儿童编程,很多人马上会联想到一大堆不懂的数字、字母以及符号。每当家长问我编程是不是都是英文,而且多打一个空格或少打一个空格都有可能执行不了?

我回答:“是的,这个是文字编程语言的编程手段”。

下面示范用C语言和图形化编程编写“计算数学加法”的程序,通过设置A=1,B=2,求C并输出C的结果。

```c
#include <stdio.h>
#include <stdlib.h>
int main()
{
int a,b,c;
a=1;
b=2;
c=a+b;
printf("%d",c);
system("pause");
return 0;
}
```

当程序 开始时
设置变量 a 的值为 1
设置变量 b 的值为 2
设置变量 c 的值为 a 转小数 + b 转小数 转整数 转字符

看到这里,可能你会想:这么难,我才不让我家孩子学这个呢,他连英文都不会呢。但儿童编程的重点是用图形化积木模块进行学习,这比文字编程语言简单,容易上手,而且是通过有趣的方式学习的。

02
我的孩子适合学编程吗

“孩子现在学习编程,不会太早吗?”这大概是很多家长在第一次听到儿童编程时的疑问。

为什么从小学开始就要求孩子学习科学?不是因为要求他们在未来都成为科学家,而是因为科学能教会孩子认识周围的世界。比如开灯,我们都知道灯会亮是因为有电线,但电是危险的。

这些就是可以从学校获得的科学知识,无论孩子是不是想要成为一个科学家。如果我们对周围世界的事物一无所知,那是多么可怕的事情啊。

如果孩子从5岁开始学习编程,更有助于提升孩子未来的学习能力,因为此时孩子的既定印象还没有形成。很多报告研究表示,小孩的脑力学习语言特别快,所以很多小孩已经提前接触了外语。

但是很多家长没有发现,小孩学习语言的脑神经机制同样也适用于学习儿童编程。

< 编程从小学,益处有9种.01 >

编程适合在较小的年龄学习,
孩子的学习速度比大人更快!

编程帮助孩子为他们未来生活的世界做好准备。

编程帮助孩子了解软件的作用和利用软件可以创造什么。

编程帮助孩子学习计算机思维和设计模式。

编程帮助孩子更好地了解周围的世界是怎样工作的。

编程帮助孩子在解决问题后建立更大的自信。

编程帮助孩子在制作程序后了解人们对他制作的程序的想法。

编程帮助孩子通过介绍自己的程序提升演讲的能力。

在口头表达上,编程语言比我们交流的语言更严谨和更具逻辑性,所以有助于提高孩子的口头表达能力,让孩子更早地学习到如何有效、清楚、有逻辑的沟通。而且年龄小的孩子更不害怕失败和出错,比起面临升学的学生,他们展现得更无拘无束。

< 学习编程的最小年龄——5岁.02 >

5岁是我接触过的适合学习游戏式和图形化积木式编程的最小年龄，当然我也接触过三、四岁的孩子，但是他们在遇到问题的时候自己解决不了，直接哇哇大哭，老师难以控制现场。所以在我的测试中，5岁是最适合学习编程的年龄，不分男女。

至于全球的情况，也都是从5岁就开始学习编程，比如英国和爱沙尼亚就要求孩子在5岁或1年级的时候开始学习编程。

< 一些争议.03 >

是否应该从5岁开始学习儿童编程，大多数家长有两种意见：

01 有些家长会觉得越早越好，因为儿童编程语言和孩子所学习的外语有相似性，可以当作新的语言学习。

02 有些家长觉得应该在初中或高中、大学时学习，因为这个年龄段的孩子可以更好地理解编程语言的语法和涉及的函数、变量等的意思。

先不说年龄，举个例子：“你是如何洗衣服的？”“简单啊，直接把衣服丢进洗衣机就好了！”这是大部分人的回答。但是有强大计算机思维的人会回答：“先找到衣服，再走到洗衣机旁，最后将衣服丢进洗衣机。”两者的区别在于后者可以更明确地说明一件事情的解决方法。

再说，编程和下围棋、弹钢琴一样，都是从小开始在老师系统的指导下学习和不断练习的，才能展现出卓越的效果。即使在大学学习，也无法一下子教出围棋高手和高水准的钢琴家，因此也无法直接教出顶级的程序设计师。

03 怎样安排孩子学编程的时间

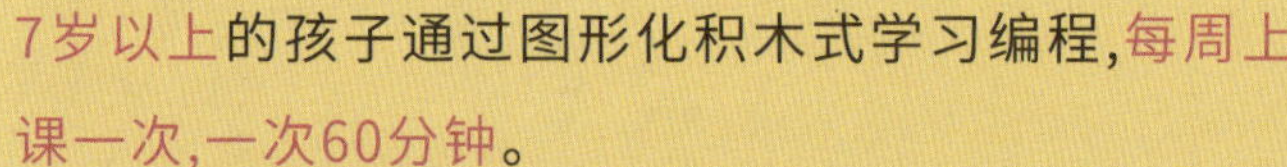

我们的教学对象是5~7岁的孩子，通过玩的形式学习编程，每周上课一次，一次45分钟。

7岁以上的孩子通过图形化积木式学习编程，每周上课一次，一次60分钟。

当然也要考虑想让孩子学习到哪种程度，毕竟编程也是一种技能，技能的学习需要反复练习。

按照每周60分钟的学习时间，学习半年就能够掌握基本编程技能，学习一年就可以制作出完整的游戏等作品。

< 学习编程也需要长时间做案例.01 >

专业的程序设计师每周都会花上几十个小时编写程序，所以他们已经非常熟练地掌握了编程技巧。但是孩子一般每周只有30~45分钟的时间学习编写程序，每年有52周，加起来只有26个小时，还不及专业程序设计师一周的工作时间。所以如果孩子对编程有兴趣的话，就需要老师和家长延长学习时间了。

04
女孩子适合学编程吗

现在培养程序设计师的基地大多都是高校,而且代码的编写又涉及数学算法和复杂的运算运用,所以一般人的印象是编程是男性占主导的,女性是难以胜任的。但我还是想突破编程只适合男孩学的思想。

如果从5岁时就开始接触,女孩子也未必会那么抗拒编程,反而更像是边玩边学习,说不定未来就会多一些女性IT从业者。

而且比较特别的例子就是有学习障碍或者不能专注上课的学生在学编程的时候却会额外专心,可见编程的吸引力非常特别。

世界上第一个公认的程序员Ada Lovelace就是女性,不排除女性比男性更适合编程哦,哈哈。

05 学编程会学习到英文吗

5~7岁的孩子就算不识字、不懂英文,也可以通过游戏式编程学习计算机思维。

7岁以上的孩子对游戏式编程有兴趣后,家长可以鼓励他们继续学习火种图形化积木式编程。

火种软件可以选择英文版,以提高英文能力,因为兴趣可以令孩子更好、更愿意地学英文呢。

在进阶学习Python、Java编程时,已经有英文底子的孩子就会学得更加轻松了。

06 孩子学编程花钱多吗

主要视课程内容、学习时长而定,加上区域的不同,价格也不一样。

市场上一般的编程课都使用图形化积木式编程,课时大多以12节课为主,也有一些3~5天的全天课程,平均一节课(45~60分钟)的价格在90元左右浮动。

07 孩子长时间对着电脑学编程会不会更容易近视

孩子长时间和近距离用眼的确会造成近视的发生,但家长如果以这个原因就排斥和抗拒孩子学习编程,不如培养孩子良好的用眼习惯。

例如:

使用电脑30~60分钟后休息10分钟

用10分钟做眼保健操

设置闹钟提醒孩子注意休息

提醒孩子到户外活动

每天让孩子玩一小时,并且鼓励孩子和朋友一起分享比单独玩要更好,如果家长还能够和孩子一起讨论学习的内容,或许会有更好的互动效果。

至少目前还没有任何研究显示适当的游戏时间会产生负面的影响。

适当的游戏时间会对孩子产生正面影响,包括保持大脑的活力、提高对事物的手眼协调能力和反应速度。

与其全面限制孩子玩游戏,不如在孩子完成作业后给出指定的游戏时间作为奖励,这样还可以刺激孩子加快完成作业。

08
说来说去就是让我的孩子当程序员

编程是一种“人人都具备的能力”,而不是一种单纯的个人“专业”能力。

编程教育不只是用来培养程序设计师的,更重要的是对儿童的逻辑思维、解决问题与创造力等10大能力的培养。

学习编程的儿童并不代表长大了就会当程序员,更何况他现在还不明白程序员的工作是什么呢。

正如学钢琴、学书法、学画画,孩子长大了也不一定当演奏家、书法家和画家。

钢琴可以培养孩子对音乐的鉴赏能力,书法可以培养美感,画画可以提升动手能力,编程可以启发创造力和逻辑能力。

编程作为未来必修的科目,它更像是一种基础技能。

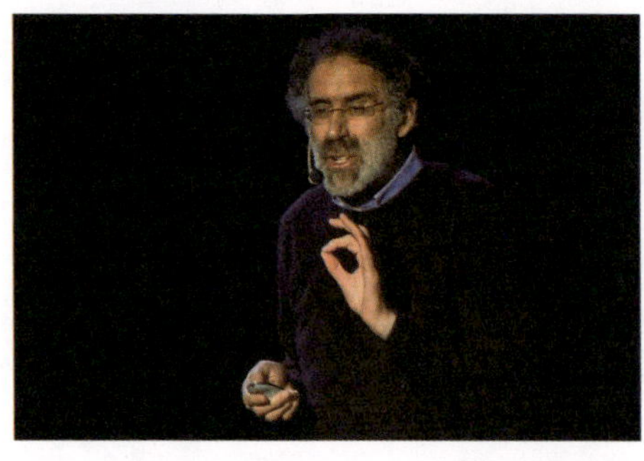

MIT博士MitchResnick说

“当你可以流畅地阅读和写作时,不代表你是为了成为一个作家,而且只有很少的人会成为作家,但是阅读和写作是很有用的事情。”

不一定要让孩子当程序员，但依然要让孩子学习编程，因为能.01
01
理解
理解图形化积木式编程中的图标和模块的命令和含义
02
规划
找出需要解决的问题
03
创意
为问题建立解决方案，编写程序并执行以查看结果
04
解决问题
调试和除错，直到问题得到完善的解决
05
团队合作
通过团队合作获得更有效的解决方案

09 学编程看上去和玩游戏没什么两样，两者的联系在哪

对现在的父母来说，玩游戏是一切“变坏”的开端，在传统观念如此根深蒂固的情况下，如何不让孩子接触游戏已经是一个重要课题了。愿意放手让孩子玩游戏的家长更是九牛一毛。但是前美国总统奥巴马却提出了新观点：“别只是玩电脑游戏了，去做一个吧！”孩子玩游戏是被动的，但往学习如何制作一个游戏的方向思考，则主导性更强，他们更愿意学习和写出一个让人感觉好玩、有趣、受欢迎的游戏。

学习过编程的孩子，对游戏都会有截然不同的反应，他们会更多地思考游戏是如何组成的，并且尝试自己编写。不一定一次到位，但会为未来的成功奠定基础。

10

学编程不如学其他才艺，还能表演和参赛

孩子在学习编程的过程中不仅可以学到更多的技能，还能借助编写程序学习数学和数字计算的观念，以及如何设计创意文案等，这些技能不一定都应用在计算机科学上，但是却可以全方位地应用在生活中。

如果是为了升学时的加分奖励和竞赛名次，那么这已经偏离了儿童编程教育的本意，甚至已经反向地加重了孩子在学习与认知上的负担。

11

学编程会给孩子带来更多的压力吗

是否增加负担最终取决于家长的态度，家长让孩子学弹琴、学画画或许是在投资自己孩子的未来，投资孩子的未来，即使前面困难重重，家长都会想办法突破。家长应该在一旁观察孩子由通过编程做出作品后的成就感所引发的学习动机，让他自己安排时间投入学习，而且在学习的时候是快乐的。长大后的他可能会面对更多的功课，让父母和孩子陷入两难的状况，这时应该选择放弃哪个？家长通常都会选择放弃编程。

十万个？？？
床前明
月光，疑是地
上霜。。。
GAME
ENGLISH
KIDBOT
BABY'S KINGDOM!!!

第05章

推进学校信息课程体系

无论你现在对儿童编程的理解有多少,希望你可以和孩子一起认真地接触这个被喻为“火种”的创作工具,亲手用它创造一些神奇的事物,这样会胜于你单纯地看更多的学习文章,进一步体会到STREAM学习的重要性。

【 主

题 】

01 世界各国将编程列入常规课程

< 美国.01 >

前美国总统奥巴马公开呼吁学生学习编写程序，他在2012年12月推广了名为Hour of Code的全国学生写程序活动，叫学生“不要只买电子游戏，自己制作一款；不要只下载最新的App，自己设计一个；不要只玩手机，要为它编写程序！”

Hour of Code活动在美国吸引3万多所学校参加，包括从幼儿园到高中，Facebook创始人Mark Zuckerberg、微软创始人Bill Gates等也在视频教材中现身解说基本程序的概念，获得了不少媒体的关注。

同时，奥巴马批准了40亿美元的教育预算，提供给美国各州的幼儿园到高中，使学校建立完整且优质的计算机科学教育，以促进美国经济发展及缩小社会落差。

这些有远见的政治家与教育家，看重的是孩子通过学习编写程序而培养出来的问题解决能力。

< 英国.02 >

将2014年定为“编程之年”（Year of Code），并将编程列为当地中小学的必修课程，这意味着5岁的孩子就已经开始学习编写程序了。

除了在教育上落实政策之外，还有一连串面向全民的活动。比如和Google等企业合作资助经费培训教师。

YEAR
OF
CODE
START CODING THIS YEAR
IT'S EASIER THAN YOU THINK

在非营利组织Computing at School的游说下，再加上Google主席Eric Schmidt重话炮轰英国“耽溺于往日荣光，教育体系崩坏”，英国政府决定采取行动，成为八大工业国（G8）中第一个将编程教学带进校园的国家。

< 新加坡.03 >

资讯局在2014年推行了编码乐计划，让孩子从小学4年级开始接触编程学习。2015年1月开始在中小学推广编程设计课程，称其有助于提高竞争力，推动未来经济。

< 日本.04 >

文部科学省正准备把计算机编程设计纳入义务教育课程，于2020年进入小学、2021年进入中学，在2022年成为高等学校的必修课程。

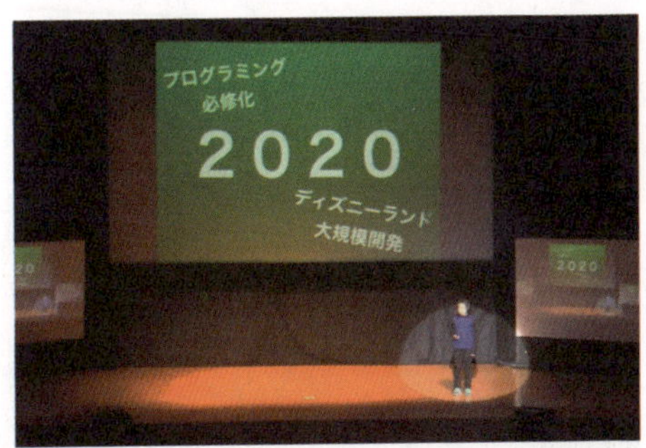

学编程是善用
每一个人力
决定国家未来
的生存

不只会用电脑
还会设计电脑
创造新电脑

2012年已在部分中小学试行编程设计课程,小至7岁的小朋友已学会编程、制作QRCode,每间教室必配电脑且可连接网络。通过一边玩机器人一边学写程序,使学生“不只会用电脑,还会设计电脑、创造新电脑”。

爱沙尼亚总统曾经公开表示:“对美国而言,学编程可以使自己在未来不怕被科技取代,但对仅有140万人口的爱沙尼亚来说,学编程是为了善用每一个人力,决定国家未来的生存。”

早在2012年,爱沙尼亚的公部门与私部门就联手推行了名为ProgeTiiger(编程老虎)的计划,由政府出资进行教材编写和师资培训。当时全国550所中学有 20 所参与。

以色列 2000年 高等学校必修科目 **芬兰&比利时** 2016年 列入核心课程大纲

韩国 三星公司将在5年内投入1.53亿美元,培育5万名软件工程师,并开始对4万名小学生、初中生和高中生实行软件教育

奥地利——保加利亚——捷克

丹麦——法国——匈牙利——

爱尔兰——立陶宛——马尔他

西班牙——波兰——葡萄牙

斯洛文尼亚——

21个欧盟国家在课程中纳入了编程语言,其中12个国家将在高中、9个国家将在小学开始教授编程

02 中国信息课程现状

世界经济合作与发展组织指出的未来需求四大能力分别为本土语言、第二外国语言、逻辑能力和软件运用能力。然而实际情况是信息教育在学校课程体系的占比一直在缩减。

15% 40% 世界各地的教师大多都没有教导孩子学习编程的技能。在英国，只有15%的老师评估自己"精通计算机"，40%的老师勉强有能力教授这些课程。另外有些学校则让一些自己自学编程的学生充当"老师"的角色，同时在课堂上教导自己的同学和自己的老师。

身兼多职 在中国，很多老师身兼多个学科的教学，而且也不是信息系的老师。在科技日新月异的现在，老师根本无法胜任，因此在学校推广编程学习的情况可谓"雪上加霜"。

资源紧凑 在校本课程上，如果要加入编程课程，即使每周只上一节课，也意味着其他学科要少上一节课。在课程资源调配紧张的情况下，学校未必会选择投入时间教授新的科目。

硬件资源 学校的硬件设备资源也是一个问题，因为要学校配置硬件设备和课程不是容易的事，涉及经费预算。加上不能保证每个学生在回家后都能够通过网络进行练习，又会衍生出新的难题。

只学操作 目前学校的计算机信息课程主要是学习使用软件程序而不是编写程序。这些课程的内容与真正的计算机课程有一定的不同，这个现象就像是只教学生阅读文章，但不教学生写作文。

不受重视 有些学校会教编程，但是编程课程和其他决定学生成绩排名的科目相比不太受重视。而且编程还未和升学或者考试搭上关系，所以没有被重视。遗憾的是学校也暂时意识不到编程教育在未来是多么的重要，从而导致家长也没有足够的动力支持孩子学习编程。

HELLOWORLD 计算机课程不应该只是教导学生编辑一份Word文件或制作一份PowerPoint简报，更重要的是让他们写出属于自己的"HelloWorld"，再做出动画、游戏，让计算机为他们服务，而不是反复地让学生练习如何操作计算机。

03 英国和中国台湾的儿童编程学习内容

< 英国.01 >

5-6岁

通过不插电式的游戏方式接触算法,了解什么是指令。

老师也教孩子制作简单的程序和除错(Debug)。

这个阶段主要是帮助孩子建立简单的逻辑推理,协助他们使用计算机设备对文件进行新建、修改、保存和打开。

7-11岁

有目的性地学习程序设计以及理解分解、规律、抽象、演算法等计算机思维概念。

对计算机的操作也增加了整理和分析资料的练习。

11-14岁

进入高中阶段,学校可以自由选择编程语言和工具,让学生学习两种或两种以上的文字编程语言,并且编写出自己的程序,以及了解计算机硬件和软件是如何配合运作的。

01 操作系统

掌握计算机、手机平台的操作系统的使用方法。

02 软件应用

掌握常见的文档处理软件和网络服务软件的使用方法。

03 计算机思维和问题解决方法

具备计算机思维能力,有效地分析问题、拆解问题、提出并执行解决方案。

04 算法

包含计算机思维的分解、规律、抽象以及算法的顺序、选择和重复。

05 程序设计

学习编写程序应用。

06 信息科技应用

包含各种常见的信息科技应用软件与网络服务的使用方法。

07 信息科技和合作创作

利用信息科技技术和他人共同合作和创作。

08 信息科技和沟通表达

利用信息科技技术与他人沟通和表达意见或想法。

09 信息科技的使用心态

能够健康、合法地利用信息科技技术探索互联网。

10 资料数据的展示、处理和分析

对收集的资料进行处理和分析,并且做出有效的直观展示。

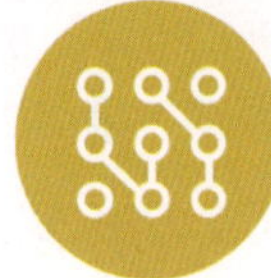

11 资讯科技的法律常识

在不违法的情况下合理地使用资讯科技内容。

04 儿童编程在学校的教育目的

01 提供超越正常计算机应用的学习模式

目前计算机学科都是通过让学生学习现成的软件及功能从而达到学习目的。而编程则是通过创作、生成、编写功能从而达到学习目的。

02

组合创新思考能力

通过编程,学生需要知道每个指令、模块的功能和意思。

通过思考>组合>调试>创新的开放、分布式过程产生不同的结果。

03

精神高度集中地处理问题的能力

儿童编程的即时结果的输出展示可以让学生更容易专注学习,并且根据有可能发生的错误结果进行即时调试和反复修正。

04

提供无尽的学习创作空间和素材

儿童编程并非像传统文字编程那样单纯地输入文字和符号进行创作。

重点反而是制作游戏或者动画,而里面包含的角色、背景、音效、动作则由学生自行设计、思考、制作,没有限制,只需将思考聚焦在创意上。

儿童编程比学校内的其他学科有明显的特色和优势,而且编程所带来的综合能力的提升也是其他学科无法提供的。

因此,儿童编程对儿童的能力的提升和训练发挥着巨大的作用。

05 文字化和图形化编程怎么选

文字化编程

文字化编程就是指基于键盘输入文本的语言。

大人常常提到的C、C++、JavaScript、Python等语言都是程序设计师所使用的文字化编程语言。

```
kidbot-03-2
void setup() {
  pinMode(6, OUTPUT); //初始化led1脚为输出模式
  pinMode(7, OUTPUT); //初始化led2脚为输出模式
  pinMode(8, OUTPUT); //初始化led3脚为输出模式
  pinMode(9, OUTPUT); //初始化led4脚为输出模式
  pinMode(10, OUTPUT); //初始化led5脚为输出模式
  pinMode(11, OUTPUT); //初始化led6脚为输出模式
  pinMode(12, OUTPUT); //初始化led7脚为输出模式
  pinMode(13, OUTPUT); //初始化led8脚为输出模式
  }

void loop() {
  .digitalWrite(6, LOW); //控制led1的高低电平，led_1就是传递下来的电平。
  digitalWrite(7, HIGH); //控制led2的高低电平，led_2就是传递下来的电平。
  digitalWrite(8, HIGH); //控制led3的高低电平，led_3就是传递下来的电平。
  digitalWrite(9, LOW); //控制led4的高低电平，led_4就是传递下来的电平。
  digitalWrite(10, LOW); //控制led5的高低电平，led_5就是传递下来的电平。
  digitalWrite(11, HIGH); //控制led6的高低电平，led_6就是传递下来的电平。
  digitalWrite(12, LOW); //控制led7的高低电平，led_7就是传递下来的电平。
  digitalWrite(13, HIGH); //控制led8的高低电平，led_8就是传递下来的电平。
  delay(1000);//延时500毫秒。
 digitalWrite(6, HIGH); //控制led1的高低电平，led_1就是传递下来的电平。
  digitalWrite(7, LOW); //控制led2的高低电平，led_2就是传递下来的电平。
  digitalWrite(8, HIGH); //控制led3的高低电平，led_3就是传递下来的电平。
  digitalWrite(9, LOW); //控制led4的高低电平，led_4就是传递下来的电平。
  digitalWrite(10, LOW); //控制led5的高低电平，led_5就是传递下来的电平。
```

图形化编程

图形化编程通常使用拖曳的方式进行编程，像积木一样堆砌，而且还能在模块元素上输入文本。

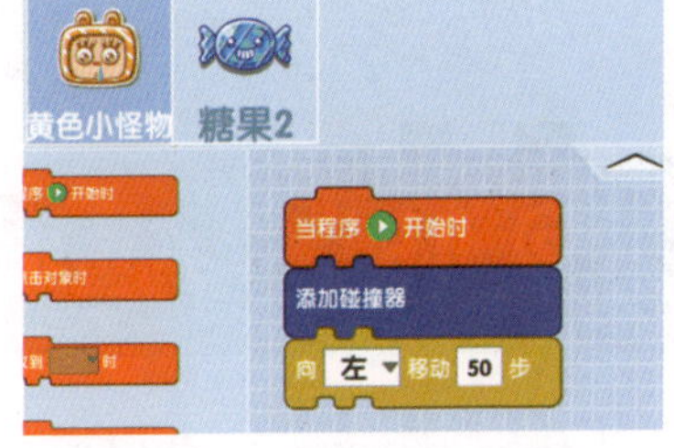

LOGO编程

有趣的是，图形化编程多数适合孩子学习，但是也有像LOGO语言这样的文字化编程语言也适合孩子学习。

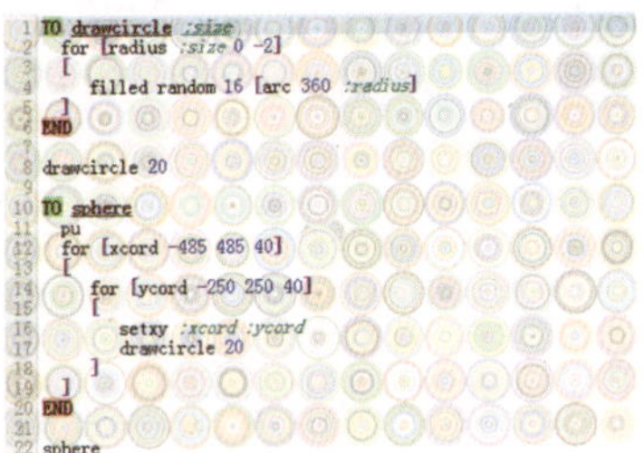

```
TO drawcircle :size
 for [radius :size 0 -2]
 [
   filled random 16 [arc 360 :radius]
 ]
END

drawcircle 20

TO sphere
 pu
 for [xcord -485 485 40]
 [
   for [ycord -250 250 40]
   [
     setxy :xcord :ycord
     drawcircle 20
   ]
 ]
END

sphere
```

〈 文字化和图形化编程有什么不同？.01 〉

文字化编程和图形化编程都是通过一种特定的编程语言让孩子实现他们的目的和想法的手段之一。将文字化编程图形化，适合还没有掌握阅读文字能力的孩子。一旦孩子掌握了图形化的内容，加上与现实生活中的对应关系，孩子就容易掌握更多的复杂内容了，同时也令转变到学习文字化编程的过程更加流畅。

图形化编程最大的特点是无须记住复杂的语法,这对于编程这个学科来说是一件很方便的事情。

06 儿童编程怎么教、教什么

一般的编程教学都是从语法开始的,然后嵌套逻辑设计,初学者要经过千辛万苦,排除万难才会做出一个可能吸引人的作品,所以这正对应了上面所说的编程语言让人感觉和乱码没有什么区别,而且学起来枯燥和乏味。

现今的教育方式已经改变,计算机学科不能够成为一种“游戏”课或者只局限在教孩子学习使用计算机系统的操作或者处理文档的软件。

在计算机学科还未受到重视的时期,不少有前瞻性的学校尝试深化计算机学科,让孩子接轨未来。但是由于师资的匹配不足和老师身兼多学科等原因,使这个革新未能成功。

计算机学科究竟应该怎么教?学校的老师又该如何入手?

< 教什么.01 >

教孩子学习计算机学科，除了基本的系统操作外，就是“编程”，而对于编程这个类别，大多数IT老师的第一个想法都会是特定的编程语言。

但是编程语言这么多，C、C#、C++或是JavaScript？这些选择足以让老师头大，更不要说去教了。但实际上，在学习任何一种编程语言之前，都要有一个共同的逻辑或者叫基本概念。比如演算法、循环、除错等等。如果孩子懂了这些概念或者掌握了它们的使用时机，在学有所成之后就可以将它们自由地应用于所有的编程语言。我们常说的“所有编程语言都是相通的”就是这个意思。

老师不一定一上来就教孩子面向社会使用的编程技能，反而是要在教学过程中试图让他们感觉到有趣、好玩，再慢慢转移到计算机思维的学习，尝试用图形化编程让他们做出有趣、好玩的项目。

< 如何教.02 >

既然说要让孩子用图形化编程学习编程的基本概念，那么怎样可以更好地向孩子解释什么是演算法、在什么情况下会用到条件判断等情况呢？

有一个著名的学习方法理论：10%来自于阅读，20%来自于听，30%来自于看，50%来自于同时看和听，70%来自于讨论，80%来自于亲身体验，95%来自于互相教导学习。

所以要想学明白编程的基本概念，孩子就必须体验计算机的思维和工作方式，体验的过程中必然会出现错误，在弄清楚错误的过程中，就会开始理解如何做到正确，甚至可以帮他人检查错误，并且解释错误的地方，孩子在这个过程中其实就已经掌握了编程中的除错和调试的概念。

而老师的身份更像是一个维护课堂秩序的角色，只在所有孩子都解决不了问题的时候才会出现，这个就是国外所推行的“翻转课堂”学习形式。孩子学习结束后，由老师辅助孩子解决复杂问题，简单问题则让孩子通过沟通互动解决。

07 在积极的环境中学习

学校的课程一般都不允许学生犯错,但编程却不一样,因为在编程的过程中必然会犯错,而学生不断地犯错能够促使他们在以后的日常生活中变得不怕错误。

孩子如果能保持一个积极的学习态度或在一个积极的环境中学习,都有助于他们学得更好, 真正提升他们的创造力和想象力,甚至信心。

我们发现当孩子用积极的态度学习编程时,他们的执行力总是令人惊讶,老师和家长的积极反馈和鼓励尤其重要,这也使孩子在学习的时候能够感受到因为自己的成果受到赞赏而获得的成就感和自豪感,同时这也将促使他们继续用积极的态度在未来学习其他学科。

08 翻转课堂——学生深度学习,年轻老师快速成长

< 翻转课堂的由来.01 >

翻转课堂源自于美国科罗拉多州洛基山的一个山区学校——林地公园高中的化学课,它利用信息科技技术颠倒以往固定的传统教学模式,重新规划设计课前、课中、课后的教学安排,改变老师教、学生听的上课模式,实现学生先学、老师再教的角色翻转。

翻转课堂对传统课堂而言是一次重大的革新，它将以往老师的主体角色转变为辅助,学生变成主体。老师再根据学生自己的学习节奏和水平进行针对性的辅导提升和补充,甚至让学生进行互动学习提升,老师只充当维护课堂纪律的角色。

传统教学模式导致国内的学生在课堂上不喜欢提问,即使他们没有学懂,也会口头上回答“学懂了”,容易进入负面学习状态。

翻转课堂则有助于改善这一问题,重新恢复学生的自信心。可是要想让公立学校完全采用这种模式教导学生,恐怕还需要很长的实践时间。

< 翻转课堂的精髓.02 >

做一个编程项目时,以组别的形式开展项目,对内是组员之间的沟通交流,对外则是与老师的讨论互动,这里又涉及语言表达能力。

在一些深层次的沟通互动中或许会出现一些技术术语和陌生的英语单词,这时又会用到翻译技术。

进入编写程序阶段后,逻辑能力和软件的锻炼得到直线上升。整个学习过程令身体和大脑都保留了记忆,最后变成经验,就像学会了骑自行车后,就不会忘记一样。这种效果远远大于现阶段的填鸭式教育,这也是翻转教育的精髓所在。同时激发学生在自己感兴趣的主题上做自己想要的东西,这个过程会让大脑产生多巴胺,多巴胺会加强神经连接,让记忆变得更深刻,进而促进学生更主动地进行自主学习。

[这种自我驱动的自学过程正是传统教育很欠缺的。]

< 翻转课堂的3大能力提升.03 >

01 独立思考

学生单独思考、整理想法、提出问题。

02 团体表达

学生之间互相组队，将自己独立思考的想法和问题彼此表达，尝试表达清楚自己的想法和问题以及认真聆听别人的想法。

03 集体分享

让学生向全班解释自己的想法。

[通过3步走的方式，除了阐述清楚自己的想法和问题外，还大大提升了个人对个人、团队以及团体之间的沟通和演讲能力。]

09 火种2015年至2025年普及计划

01 紧跟国际教育潮流，填补国内教育空白

儿童编程浪潮已经席卷了全球很多的国家和地区，人们已经意识到编程学习对于孩子个人以及国家发展的重要性，然而国内对于儿童编程教育领域还缺乏重视。编程中国以让全国3亿儿童都能学习到编程这一21世纪的基本技能为愿景，与国际接轨，研发适合儿童的编程课程，并在国内推动儿童编程的学习进程。

02 强化素质教育，加快国内教育体系改革

素质教育对推进教育体系改革有着至关重要的作用，除了培养孩子对于科学知识的理解之外，教育还需要加强性格品质方面的塑造。编程中国的课程使孩子能够创建项目，并且把自己的创作共享到网站，向家人和朋友展示自己的成果，这些成功对于孩子的自信心的建立以及培养都有着至关重要的作用。

除此之外，在小组学习的过程中，孩子能够学习到团队合作的能力以及理解他人、诚实、坚持不懈等优秀品质。

03 教育和科技融合，响应科教兴国、人才强国战略

科学技术是第一生产力，面对兴起的信息技术浪潮，懂编程将成为未来社会主义人才素养中必不可少的一环。编程中国所做的就是教孩子编程，不仅是教单纯的知识，更主要的是教孩子编程思维，让他们具有逻辑思维的能力，在成为科技人才的道路上能够走得更远。

04 主要任务

< 社区.01 >

通过“编程一小时挑战赛”和公益课，将编程中国的教学理念传播出去。让社会意识到编程对孩子的未来发展的重要性，推动儿童编程发展对于加强国家人才储备、深化素质教育、促进科技进步具有重要作用。

< 社群.02 >

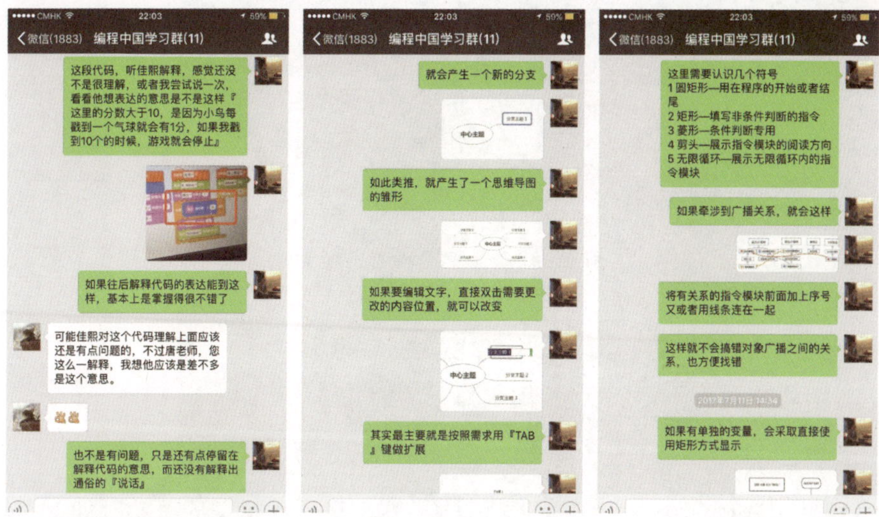

通过在线上链接更多具有相同理念的家庭,让不同地方的更多的孩子能够破除地域的限制,更加方便、快捷、有趣地学习编程,把儿童编程普及到中国的每个角落。

< 社会.03 >

学校是火种计划中最重要的因素,我们将会提供一条龙的产品和服务给全国的专职教师,促进教师和教学的与时俱进。同时将火种打包成资料包套件,并将资源送到偏远地区的学校,有效地推进火种计划的普及和推广。

第06章

计算机思维,让你像电脑一样思考

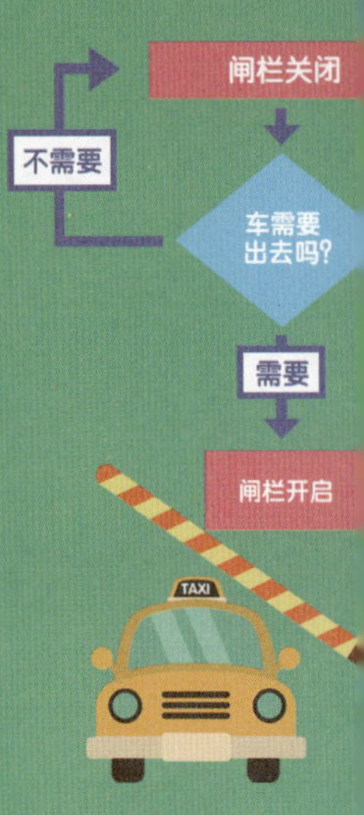

题 】

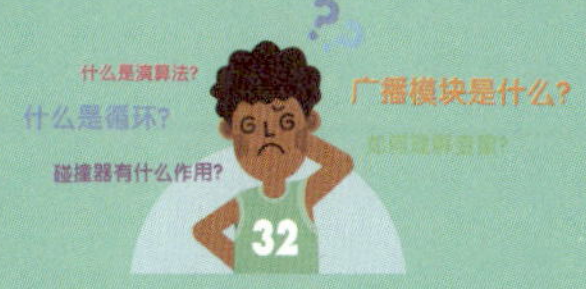

什么是演算法?
什么是循环?
碰撞器有什么作用?
广播模块是什么?

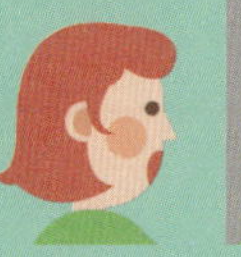

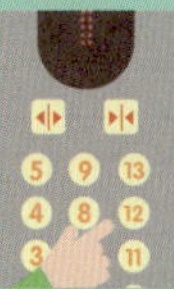

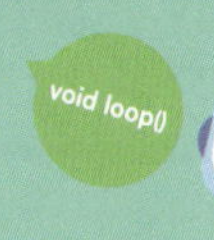

void loop()

01 从计算机科学到计算机思维

计算机科学是一大主题,里面包含很多小程序,用作解决问题和开发新的程序使用。但无论是哪种小程序,都要依靠“计算机思维”。

< 什么是计算机思维.01 >

计算机思维是指涉及查找问题和通过计算机的帮助解决问题的方法。

在学校上数学课的时候就用到了计算机思维,但我们却没有意识到。其实从解数学方程式之前所写的“解”字开始,就已经进入了计算机思维。

计算机能够帮助我们解决问题,但是在解决问题之前,问题本身的因素和解决问题的方式需要我们理解,而计算机思维则帮助我们理解这个意思。

计算机思维可以帮助我们解决复杂的问题,理解这个问题的解决可能性,然后让计算机执行解决方案,最终让所有人理解并帮助我们解决问题。

举个例子,自己的房间很乱,但是却不想收拾,抛开自己不想动手收拾的想法,该如何收拾房间呢?

先考虑和观察房间乱是因为垃圾太多?还是因为杂物的摆放位置不合理。找到核心问题后,再查看手上有哪些工具可以辅助你将房间收拾干净。

这个过程就是计算机的思考过程,也就是计算机思维。

< 使用计算机思维.02 >

程序设计师、软件工程师每时每刻都在用计算机思维和一种或更多种的编程语言编写程序,他们也会尝试用不同的方法并且占用最少的资源解决问题。

02 计算机思维和计算机编程

计算机思维和计算机编程是不同的概念，因为计算机编程是指直接告诉计算机该如何执行操作，而计算机思维可以让你形成清晰的思维并精确地告诉计算机应该做什么。

举个例子，朋友约我去一个我从来没有去过的地方，我会这样做：

1. 上网查找路线
2. 找到最短、最快的行走路线
3. 按照行走路线到达目的地

这样的操作过程就是使用计算机思维解决“去一个陌生的地方”的问题。

03 计算机思维的四个基础概念

分解

将问题系统地分解成更容易理解的小部分，更方便管理和维护。

找规律

寻找问题之间的关联性、相似性，从而更有效地解决复杂的问题。

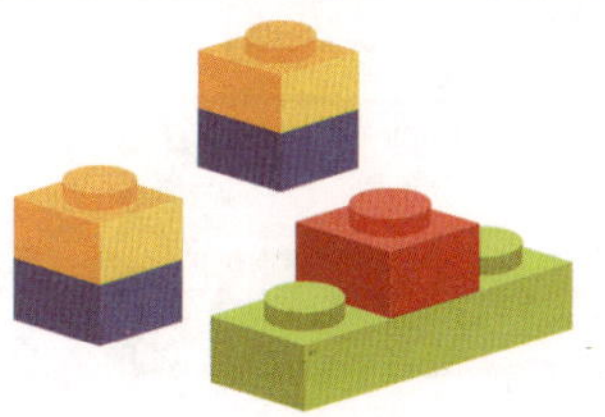

抽象

分离和过滤不需要的想法，忽略不相关的内容，集中重要的信息。

演算法

运用计算机编写解决问题的逻辑顺序指令。

< 计算机思维的实践案例.01 >

有时突然会遇到一个复杂的问题，完全不知道怎样下手解决，这时就可以开始将这个复杂问题：

01 分解——拆解成一个个小的问题

02 找规律——对着每个小问题回忆以前是否有相同类型的已解决方法

03 抽象——集中解决重要的问题，其他问题暂时忽略

04 演算法——逐一解决小问题，直到解决整个问题

这就是用计算机思维解决问题的过程。

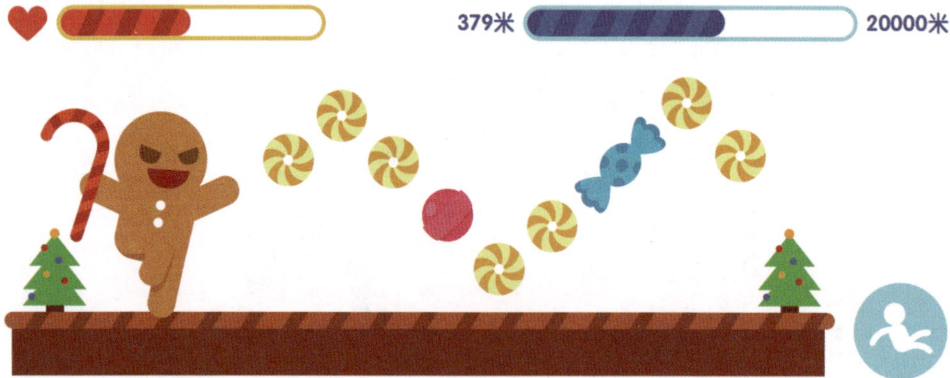

打个比方，在玩一款跑酷游戏的时候，你需要知道怎样通关、怎样收集物品、收集物品后会有什么结果、怎样躲避途中的敌人等等。通过这些问题，玩家就会自动制定一个战略以快速通关，这些细节就能帮助你制作自己的游戏。

跑酷游戏的案例也是使用计算机思维解决问题的例子。

01 分解——去哪个地方,怎样通关、收集物品

02 找规律——行走路线附近有什么建筑,物品一般出现在哪个位置

03 抽象——以往是否走过类似的地方

04 演算法——按照制定的指南行走到目的地,完成通关

C 04 计算机思维的概念及生活中的实践案例

什么是演算法?
广播模块是什么?
什么是循环?
如何理解变量?
碰撞器有什么作用?
32

< 术语.01 >

在刚刚学习编程时,你可能会遇到一连串术语,令你眼花缭乱,但千万不要因此而放弃学习。

因为术语仅仅是一个词语,它可能是由计算机科学家发明的,这些术语能帮助他们节省沟通时间,因为对相同领域的人来说,彼此之间使用术语会更容易理解。可惜的是,不属于这个领域的人就难以参与讨论了。

< 分解.02 >

将一个复杂的问题分解为更易于管理的逐个小问题，然后逐一击破。在编写大型的项目程序时，有时不知道从哪里开始着手，这时“分解”就会出现，通常分解会从整个问题出发，然后分解成一个个小问题，把每个小问题变得更容易理解，之后再找到解决每个小问题的方法，最后把大问题解决。

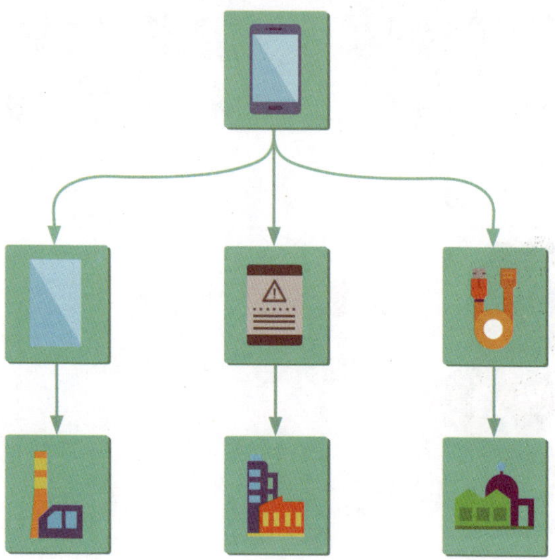

比如制作手机，一台手机是由很多不同的部分组成的，听上去就是一项庞大的工程。

但在制作手机时，制作商会把手机分解成多个组件，安排一个工厂做屏幕，一个工厂做电池，一个工厂做数据线等，最后组合成一台手机。

< 为什么“分解”很重要.03 >

如果问题没有被分解，解题的时候就会很困难。因为直接处理问题比把问题分解成细小的问题更难处理和解决。

如果解释自行车是如何运作的，或许你只能回答个大概，但是如果自行车被拆成多个小零件，这样去了解自行车的运作原理就会变得更容易、清楚、明白。

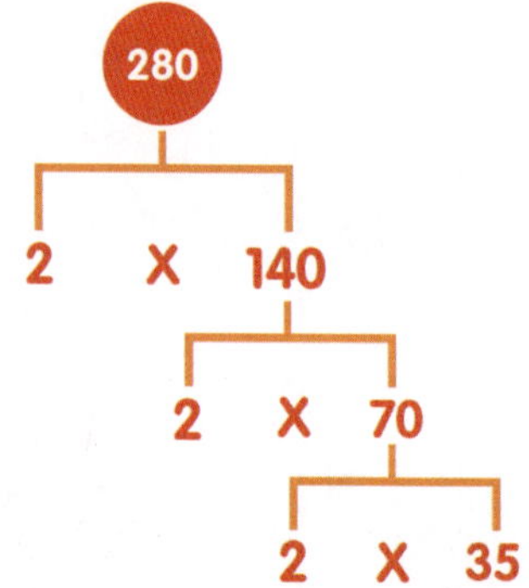

< 分解的生活实践.04 >

刷牙

刷牙这个动作我们每天都在做。不用过多地思考，拿起牙刷就可以刷起来，但是将刷牙这个动作仔细分解，就会得到用哪种牙刷、牙膏要涂多少、刷多长时间、刷牙齿的哪些位置。

01
用哪种牙刷
02
牙膏要涂多少
03
刷多长时间
04
刷牙齿的哪些位置

解决罪案

刷牙这个任务比较简单，那么举个复杂一点的例子——解决罪案。这里“分解”的使用更明显，警察要想捉拿罪犯，需要知道一系列的问题和答案：犯了什么罪、在哪里犯罪、犯罪的发生时间、有在场证据吗、有证人吗、犯罪现场附近有类似的案件吗。通过这样的系列问题获取破案的关键信息，最后捉拿罪犯。

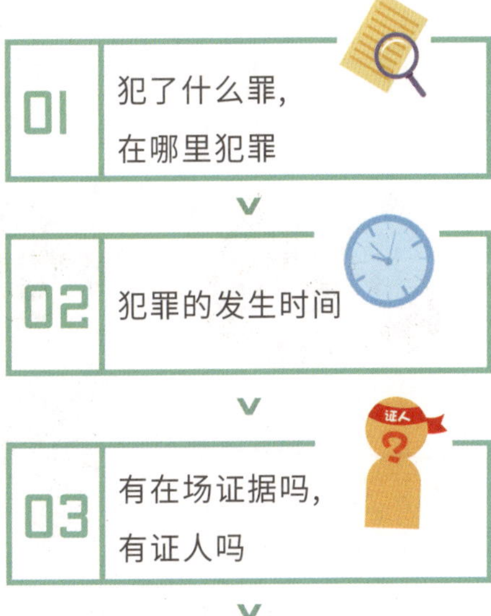

01
犯了什么罪，
在哪里犯罪
02
犯罪的发生时间
03
有在场证据吗，
有证人吗
证人
04
犯罪现场附近有类似的
案件吗

< 规律.05 >

当我们将问题分解成一个个小问题的时候，可以尝试找到所有小问题的相似性或者特征，以便帮助我们有效地解决最终的问题。

< 规律的例子.06 >

大家都知道，狗狗有眼睛、尾巴、耳朵、汪汪叫的声音等特征。如果我们要画一只狗狗，那么画的时候就会很自然地画上这些特征。

在计算机思维中，这些特征被称为规律，在规律之下可以将狗狗的眼睛颜色、尾巴和耳朵的长短改变。

< 为什么需要用"规律".07 >

正如我们在画一只狗狗的时候就已经知道了它们有眼睛、尾巴、耳朵、声音等特征，因此加快了我们绘制狗狗的速度和最终效果。

而在计算机思维里，找到的规律越多，解决问题的速度就越快，解决问题的难度就越容易。

< 如果不利用“规律”会怎样.08 >

如果没有列出画狗狗时需要的特征，我们就会自己思考狗狗的样子，甚至要找到一只狗狗，这样一来就会减慢绘画的速度，甚至画出一只看起来不像狗的狗。

在计算机思维中，如果没有找到规律，那么最终也解决不了问题。

< 抽象.09 >

抽象是计算机科学的基础之一，它过滤了没有用的特征，以便让我们集中处理要做的内容。

我们在规律的内容上提到了当画一只狗狗的时候要列出狗狗有眼睛、尾巴、耳朵、汪汪叫的特征。有了这些主要特征，我们就可以画出一只狗狗。但是眼睛的大小和颜色、尾巴的长短、是否要把“声音”画出来，这些都是特征的细节点，所以可以过滤掉，因为这些不会太过影响画出来的狗狗像不像狗狗。

< 为什么“抽象”这么重要.10 >

继续以画狗狗为例，如果没用到抽象，我们可能认为所有的狗都有长尾巴、大耳朵。但是通过抽象之后就会知道，有些狗狗的尾巴不一定很长，有些狗狗不一定长着大耳朵。通过抽象这个步骤，我们得到了一个画狗狗的清晰提示。

总体来说，抽象帮助我们在解决问题时删除不必要的细节，有助于我们形成解决问题的想法。

演算法.II

在编写代码告诉计算机它要执行什么操作前，就需要用到演算法。

演算法指的是完成任务或者解决问题的一连串步骤，这个任务或者问题可以是任何对象，只要步骤和顺序是清晰的，计算机就会按照这个顺序逐步执行操作。

演算法常常是编写程序的起点，因为它们有效地帮助程序设计师编写出了流程图，它将会告诉计算机要做什么。如果编写了一个很差的演算法给计算机，那么就会得到一个较差的结果。

比如你在穿鞋子的时候，一定会穿鞋子，再系鞋带。不会出现先系鞋带再穿鞋子的情况，因为大家都知道这个顺序是错误的。

所以演算法体现出了顺序执行指令的重要性。

再举个例子，如何制作披萨也是一种演算法。

01
将生面团
放到铁盘上
02
在生面团上涂上
一层披萨酱
03
在酱料上撒
上一些芝士
04
将烤箱预热到180
摄氏度，把披萨放进去烤20分钟
05
拿出披萨，
放在室内冷却
06
开吃咯

如果你按照错误的顺序做事情，就可能发生逻辑错误的问题。

想象一下如果制作披萨的顺序发生颠倒，那么最终可以制作出披萨吗？

05 演算法概念的三要素

顺序——分清先后次序.01-1

计算机要执行工作，就需要正确的指令顺序。我们知道穿衣服有一个顺序，但是计算机不懂这个常识，它需要我们告诉它正确的执行顺序，如果计算机程序没有得到正确的顺序指令，那么它就会出错。

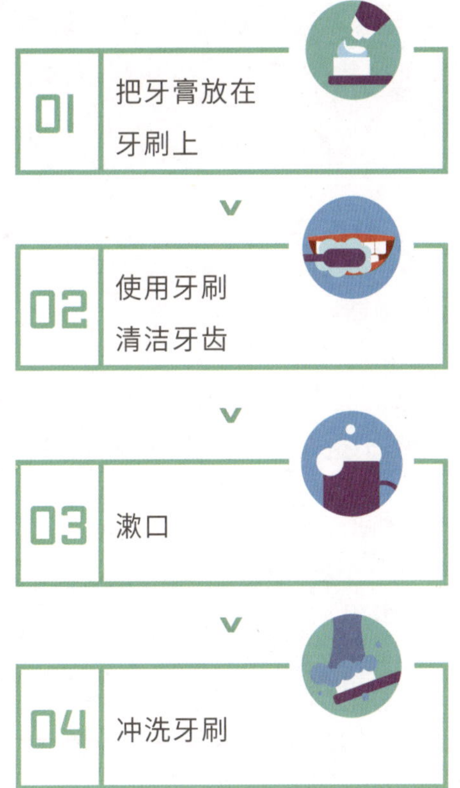

01
把牙膏放在牙刷上
02
使用牙刷清洁牙齿
03
漱口
04
冲洗牙刷

继续以刷牙为例解释计算机思维的步骤算法：

首先把牙膏放在牙刷上>然后使用牙刷清洁牙齿>再漱口>最后冲洗牙刷。每个步骤就是刷牙时要执行的指令，而顺序就是执行步骤的顺序。

为什么"顺序"很重要.01-2

如果计算机在执行指令时不按照正确的顺序执行，那么就无法得出正确的结果。

接着以刷牙为例，如果顺序发生转换，首先使用牙刷清洁牙齿>然后把牙膏放在牙刷上，这样的顺序依然可以继续刷牙，但是牙膏却没有用上，所以牙齿既刷不干净，又浪费了牙膏。但是在现实生活中我们会及早意识到这个问题，不过计算机却没有这个意识，所以发生了错误。这就是顺序的重要性！

错误结果

"顺序"在生活中的实践.01-3

试着用顺序画一个正方形。

画一条3厘米的线条>右转90度>画一条3厘米的线条>右转90度>画一条3厘米的线条>右转90度>画一条3厘米的线条，通过这样的顺序，就可以画出一个正方形。

< 选择——是一个条件判断.02-1 >

在算法中，不一定每条指令都是直接连着操作的，有时需要判断当达到某些条件时，才让指令继续往下走。

计算机之所以这么强大和灵活，就是使用了If(如果)、Then(就)和Else(否则)帮助它做决定。

举个例子，如果在正常的周一至周五，早上起床之后就会上学，但如果是周末，就会待在家里。

如果把计算机理解为一个对象做操作，就会是这样：如果现在是周一至周五>计算机就会去上学>否则计算机就会待在家里，因为这是周末。

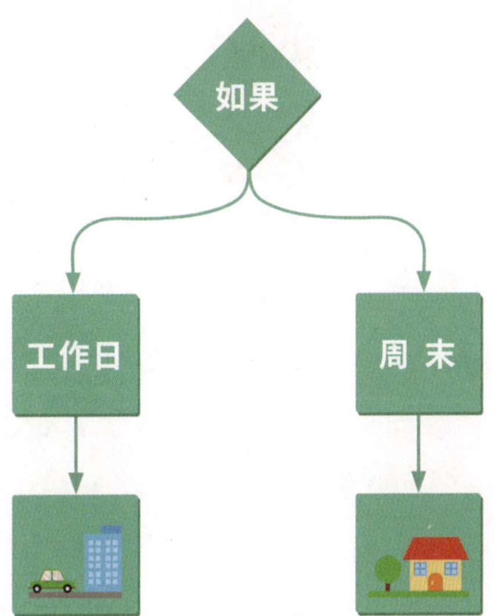

< 为什么“选择”很重要.02-2 >

有了“选择”做条件判断，就可以使算法有多条支线，以处理更多结果，如果没有“选择”，算法永远只能沿直线往下走，解决不了复杂的问题。

在解决问题的过程中，如果发现有多个解决方案，就可以用逻辑推理设定算法在发生什么情况下进行怎样的工作。

比如 If Then Else 指令(如果..就..否则)，If表示一个条件判断，Then表示当这个条件成立时应该怎么样，Else表示当这个条件不成立时应该怎么做。

< "选择"在生活中的实践.02-3 >

假设坐公交，如果你不够5岁，就不用付车费。如果你不够16岁，就付一半车费。如果你是老人，则不用付车费。如果都不是，则付全额车费。

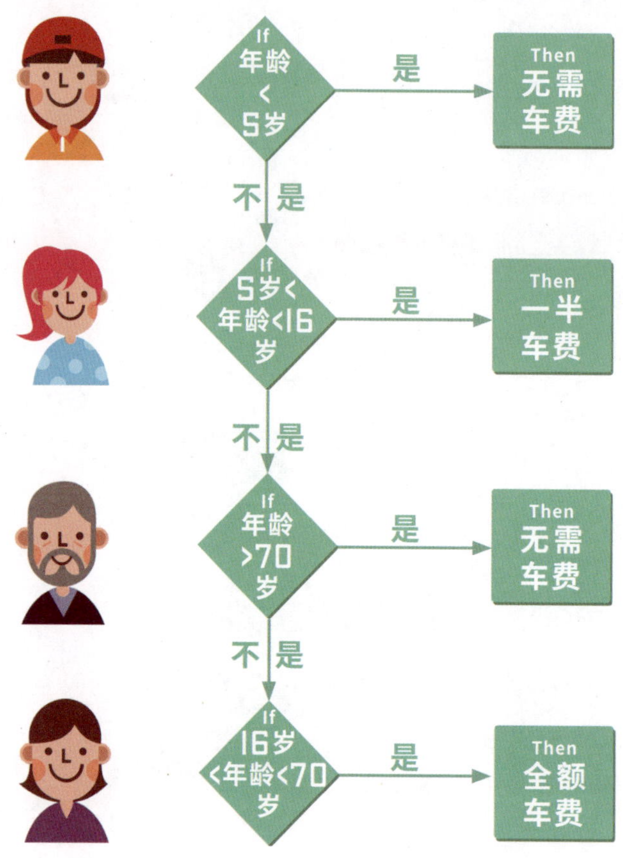

< 重复——不断执行多次.03-1 >

计算机可以不厌其烦地帮我们一次又一次地执行工作，在指令正确的前提下，可以将工作做到完美不出错。

但是如果我们不告诉计算机哪些工作需要重复执行的话，它会一直处于等待状态，直到我们给它重复工作的指示。

比如老师要求学生打扫课室，就会要求：

这样虽然可以完成扫地的工作，但是来回走动会浪费很多时间。

如果我们使用“重复”，可以是这样：

比如吃营养早餐，会出现以下演算法步骤：

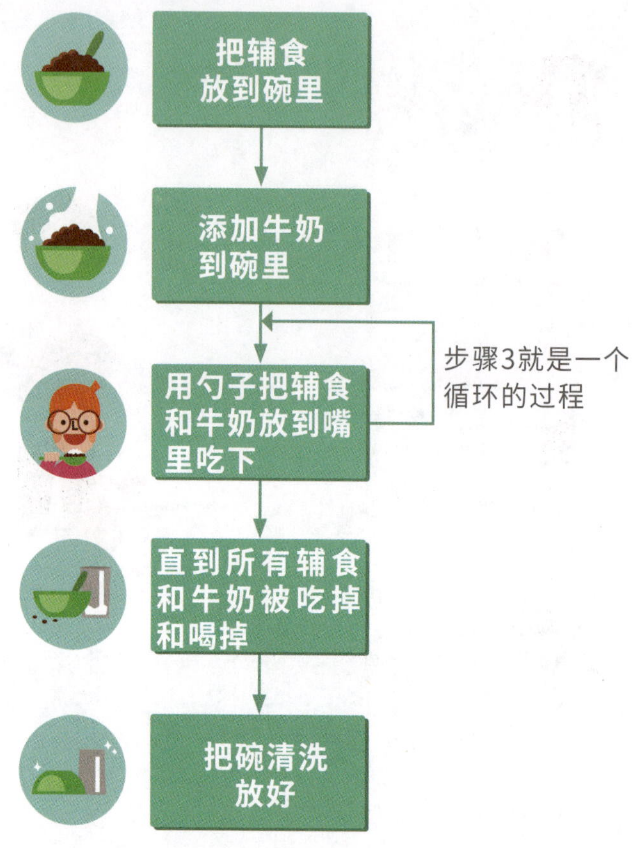
把辅食
放到碗里
添加牛奶
到碗里
用勺子把辅食
和牛奶放到嘴
里吃下
步骤3就是一个
循环的过程
直到所有辅食
和牛奶被吃掉
和喝掉
把碗清洗
放好

< “重复”在生活中的实践.03-2 >

我们现在创建一个刷牙的演算法。

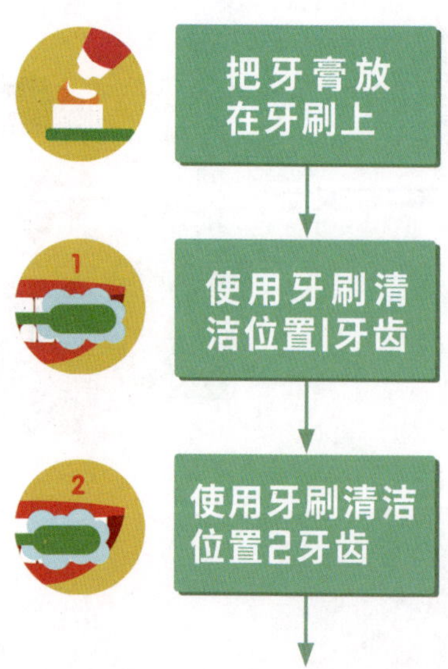
把牙膏放
在牙刷上
1
使用牙刷清
洁位置1牙齿
2
使用牙刷清洁
位置2牙齿

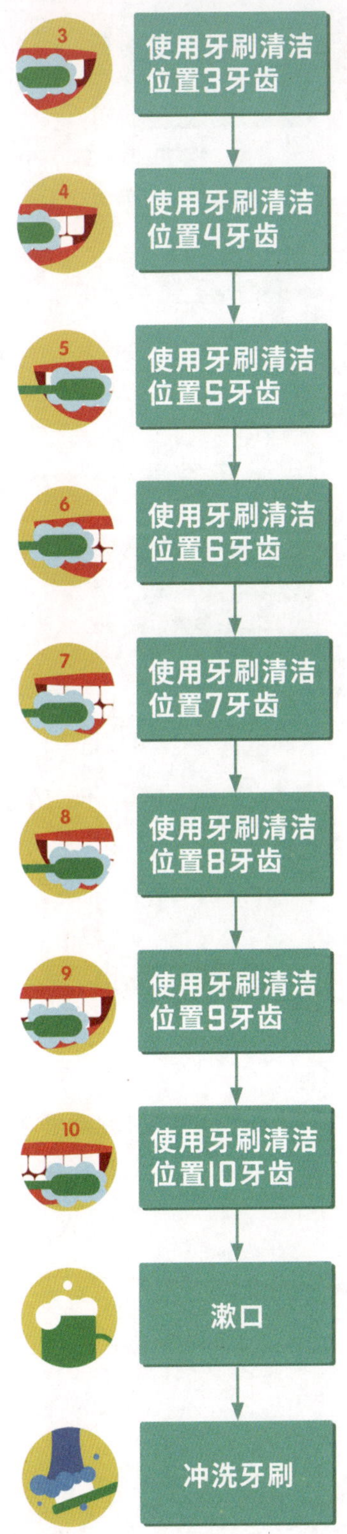
3
使用牙刷清洁
位置3牙齿
4
使用牙刷清洁
位置4牙齿
5
使用牙刷清洁
位置5牙齿
6
使用牙刷清洁
位置6牙齿
7
使用牙刷清洁
位置7牙齿
8
使用牙刷清洁
位置8牙齿
9
使用牙刷清洁
位置9牙齿
10
使用牙刷清洁
位置10牙齿
漱口
冲洗牙刷

这样一看，清洁牙齿位置1~10基本是重复的内容，只是清洗不同位置的牙齿，所以“重复”可以简化这个演算法。

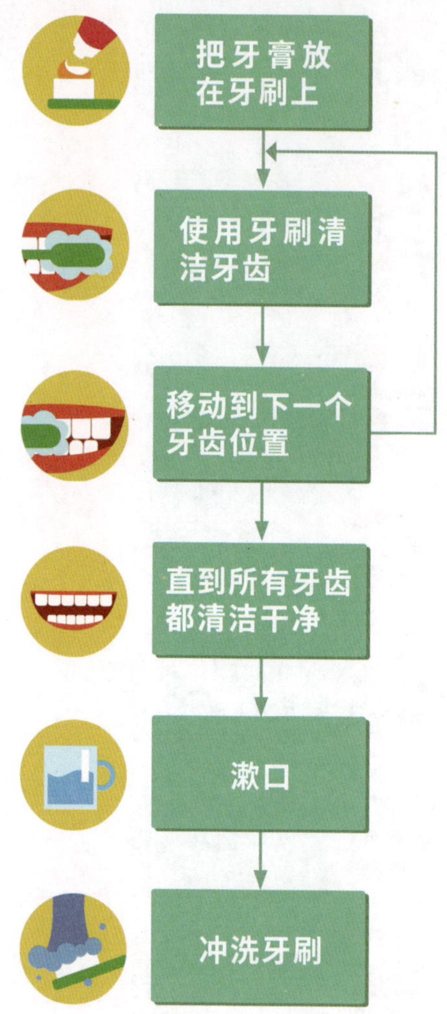
把牙膏放在牙刷上
使用牙刷清洁牙齿
移动到下一个牙齿位置
直到所有牙齿都清洁干净
漱口
冲洗牙刷

简化后的刷牙过程明显简单多了。

但是怎样判断每个位置是否都刷干净了呢?这时就需要用到条件判断。

要确保清洗牙齿的数量是10，就需要判断清洗牙齿的数量是否等于10，如果不是(小于10)则发生重复，返回继续刷牙。如果是(等于10)则不发生重复，跳到漱口。

把牙膏放在牙刷上
使用牙刷清洁牙齿
移动到下一个牙齿位置
If
清洗牙齿的数量
=
10
不是
是
漱口
冲洗牙刷

< 生活中包含“顺序”“选择”“重复”的实践.04 >

现实生活中的乘坐电梯正是一个包含顺序、选择、重复的例子。

01 **顺序**

电梯的上下升降和按钮操作就是顺序，电梯停下之前速度会慢慢降下，再停在平台上，然后打开门。

02 **选择**

控制电梯中的计算机做出决定，如果按下某个层数的按钮，电梯就升降至该层。

03 **重复**

电梯中的计算机不断重复执行“按钮是否被按下”的指令。

06 错误(Bug)和调试错误(Debug)

程序设计师在休息不足或没有专注地编写程式的时候会出现错误。比如当你想控制角色向前移动时，它却向后移动，这个时候就产生了错误。

这些错误在术语上称为Bug，当出现Bug时，就需要调试并更正这些错误，在术语上则称之为Debug。当调试、更正错误后，可以再次运行程序测试是否正确。

计算机程序没有完美一说，一个好的调试过程往往是一个好的程序的必经之路。

Bug的由来.01

1947年，一只真正的虫子（Bug）——飞蛾被发现在一台计算机中，而这台计算机也停止了工作。这个发现便是第一个在真实世界中让计算机停止工作的原因。

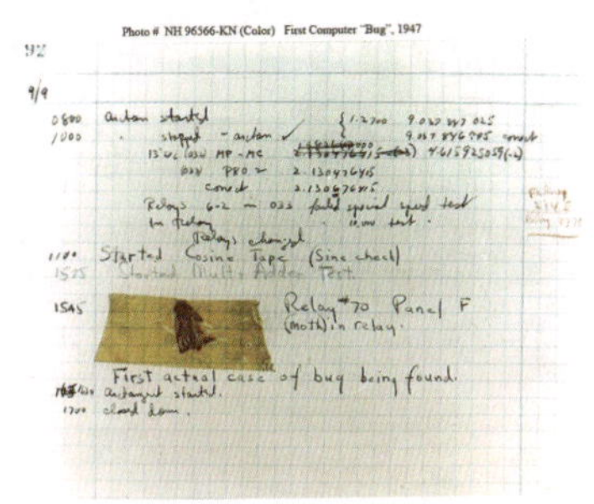

Bug的错误方式.02

语法错误

语法错误是指由于程序设计师输入了某个错误的文字或者忘记输入某个符号而令计算机不理解指令的意思。

逻辑错误

逻辑错误是指虽然计算机正确执行了程序设计师安排的指令，但结果并不是程序设计师所期望的。

07 计算机思维所带来的10大能力提升

01 观察力

每一个程序就是在解决一个问题,解决问题之前孩子就会从多角度观察,找到解决问题的入口,培养孩子分析问题的眼光。

02 空间思维

孩子从一连串模块指令或者代码中感知虚拟空间中平面和立体、抽象和实体的区别。

03 问题解决能力

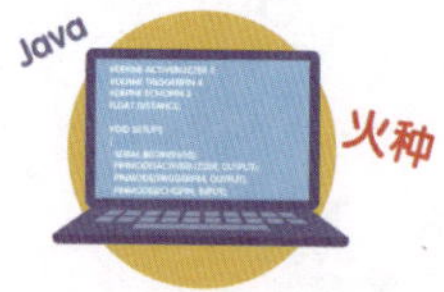

孩子动手编写代码解决问题,做出与自己的模拟结果相同的程序。

04 序列与条件

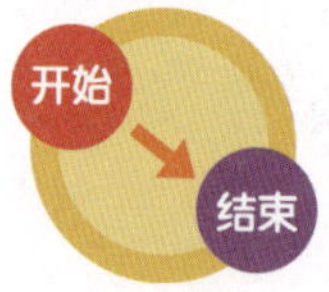

编写程序有固定的结构,先做什么后做什么都需要在编写前做规划并且建立多种假设。
培养孩子在解决问题前先想结果的习惯。

05 判断思维

孩子在遇到问题后会思考解决方案，在脑海中模拟解决方案的结果，进而在实际操作中执行解决方案以获取最终结果，并达到能用计算机解决日常生活中的问题。

06 逻辑思维

编写程序时需要不断在脑海里模拟程序运行的各种结果，思考各种条件所引发的可能性，增强孩子对每件事情的结果的可预见性。

07 调试操作能力

编写程序时需要不断调整错误，甚至面对失败，孩子越早面对失败，越能磨炼意志，越能提升心理承受能力。

08 创造力

通过制作游戏学习编写程序，孩子更可以在学习后“创造”属于自己的游戏。

09 想象力

孩子在具备编程能力后，脑海里想象的“发明”极有可能成为现实。

10 专注力

在长时间的编码过程中依然能够集中精神、没有杂念、一心多用。

第07章

思维导图和流程图

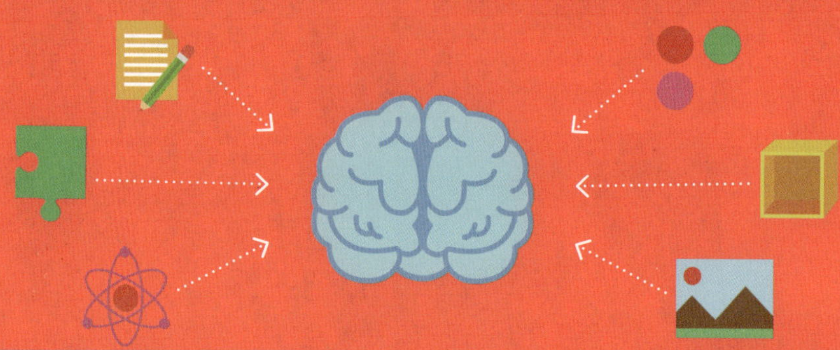

【 主

01

思维导图也叫心智图

106 页

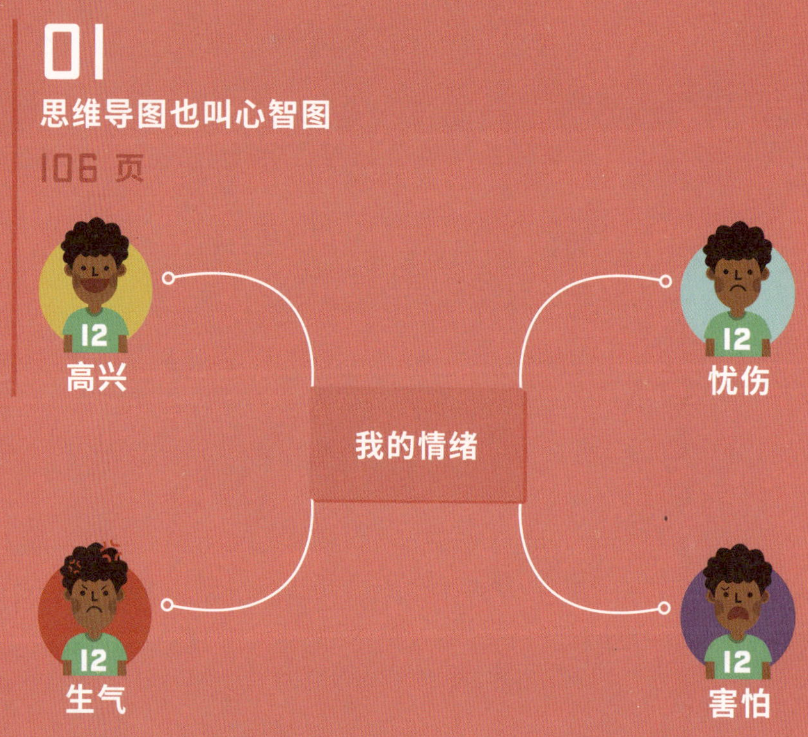

题 】

02

流程图

110 页

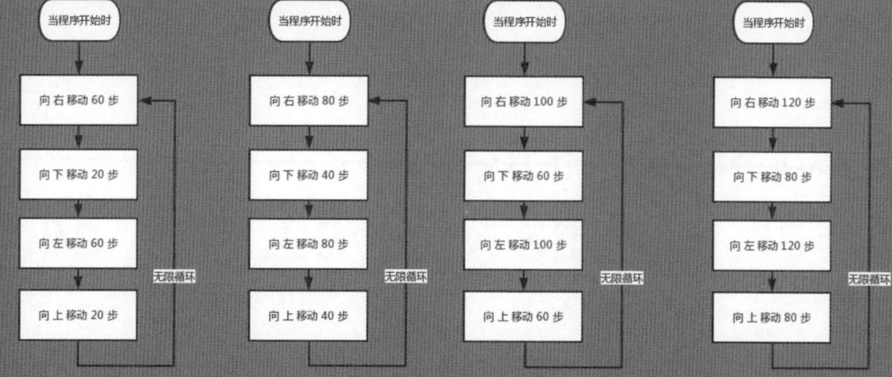
当程序开始时
向右移动 60 步
向下移动 20 步
向左移动 60 步
向上移动 20 步
无限循环
当程序开始时
向右移动 80 步
向下移动 40 步
向左移动 80 步
向上移动 40 步
无限循环
当程序开始时
向右移动 100 步
向下移动 60 步
向左移动 100 步
向上移动 60 步
无限循环
当程序开始时
向右移动 120 步
向下移动 80 步
向左移动 120 步
向上移动 80 步
无限循环

01 思维导图也叫心智图

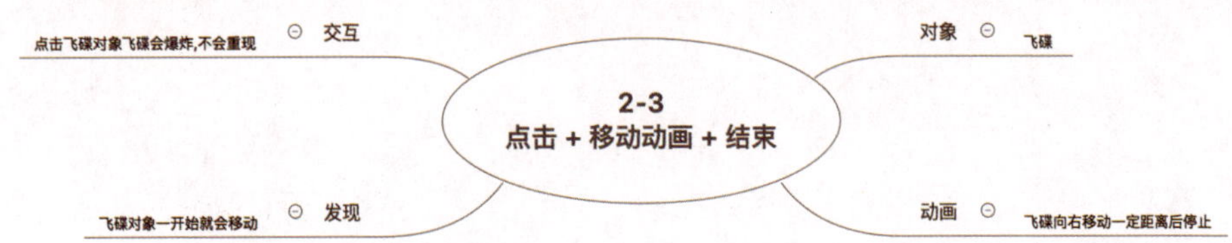
2-3
点击 + 移动动画 + 结束
交互
点击飞碟对象飞碟会爆炸,不会重现
发现
飞碟对象一开始就会移动
对象
飞碟
动画
飞碟向右移动一定距离后停止

思维导图(又称心智图、概念图),英文为Mind Map,Mind的中文解释是“心智”,意指思考中的大脑。

Map指“地图”,结合在一起就是“大脑在思考时的地图”。

思维导图于1970年由英国心理学家Tony Buzan提出,方法是在一张横向的纸上以不同的图像呈现资讯。

< 思维导图的特点.01 >

思维导图是一种

01 将信息输入和输出给大脑的方式

02 新的快速学习和复习修改的方式

03 打破传统的记录笔记方式,让学习更有趣、更有效率

04 集创作、规划、记录为一体的最佳表达方式

< 思维导图可以帮助孩子.02 >

01 更好地记忆

02 提出更好的想法细节

03 充分地利用时间和节省时间

04 梳理和组织创作、规划、记录、思考

< 思维导图是灵活运用全脑的最佳工具.03 >

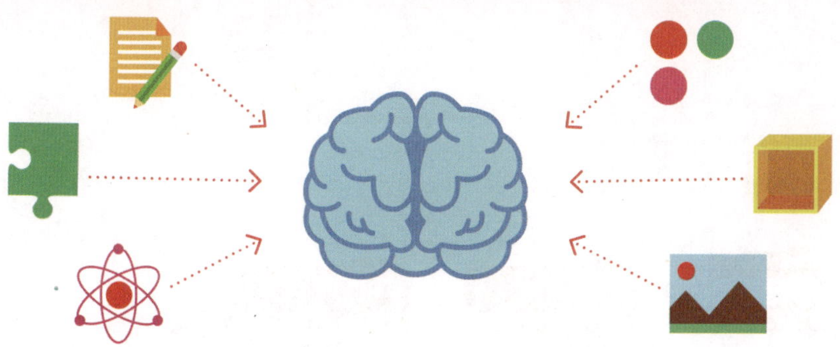

我们的大脑由左右脑构成，左脑专门处理文字、逻辑、细节、分析，右脑则处理颜色、空间、图像。而思维导图使用了左右脑的所有功能，通过一张白纸就会用到文字、颜色、图像、结构等，大幅提升注意力、思考、理解、记忆和想象的品质。

< 3岁以上就能用思维导图.04 >

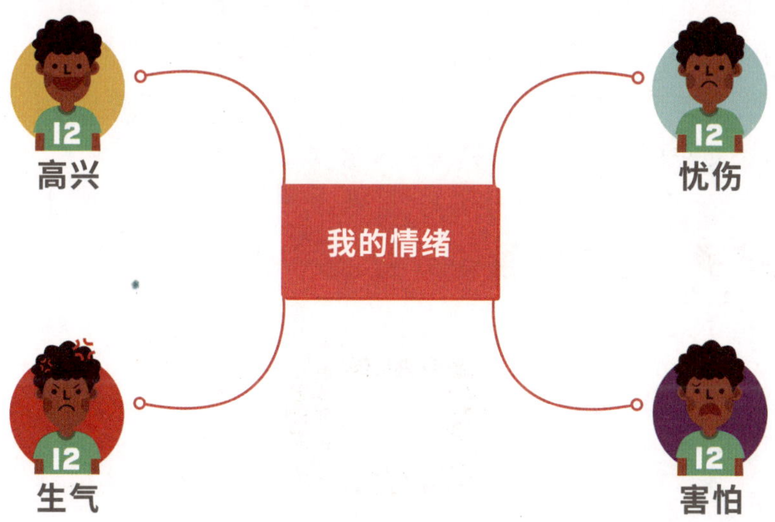

和学习其他科目一样，家长都会问孩子多少岁可以学习思维导图，以上图的案例来证明，孩子在3岁的时候就能认知喜、怒、哀、乐四种个人情绪。

利用相同的思维导图表现方式，也可以更换新的主题，这是一种很好的和小孩沟通的互动方式，既有趣，也容易理解。孩子即使不会用文字表达，也可以通过绘画图像表达自己的想法。

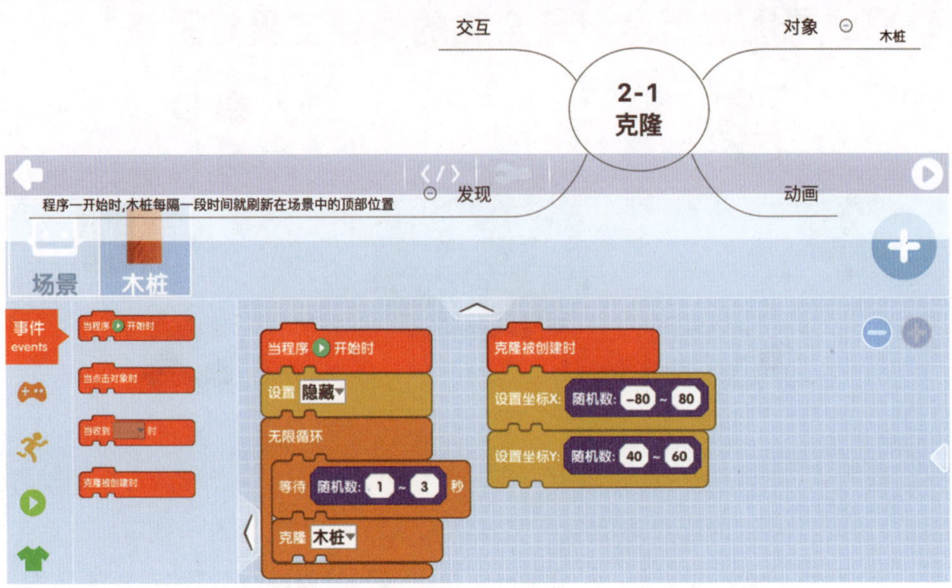
交互
对象
木桩
2-1
克隆
发现
动画
程序一开始时,木桩每隔一段时间就刷新在场景中的顶部位置
场景
木桩
事件
events
当程序 开始时
设置 隐藏
无限循环
等待 随机数: 1 ~ 3 秒
克隆 木桩
克隆被创建时
设置坐标X: 随机数: -80 ~ 80
设置坐标Y: 随机数: 40 ~ 60

把思维导图和编程结合,就能够让人一眼发现问题的解决方案和方式。

利用思维导图也可以帮助孩子在其他学科构建逻辑思考能力,掌握问题核心。对于表达能力比较弱的同学,也可以借助思维导图表达内心的思考。

小学生用思维导图读书的时候,最害怕看到“背诵全文”,即使硬着头皮背得滚瓜烂熟,也不见得能明白文章的意思。如果使用思维导图表现,既能提高孩子的记忆,又能和文章融会贯通,一举多得。

< 和孩子一起制作思维导图.05 >

01

准备一张白纸,横向摆放,便于扫视。

02

在纸张的中央填上核心主题,主题可做美化。

03

在主题的周围画出线条，形成树状图，承载题材，每萌生新想法，就再画出新线条，文字数量尽量与题材相等，以便于阅读。

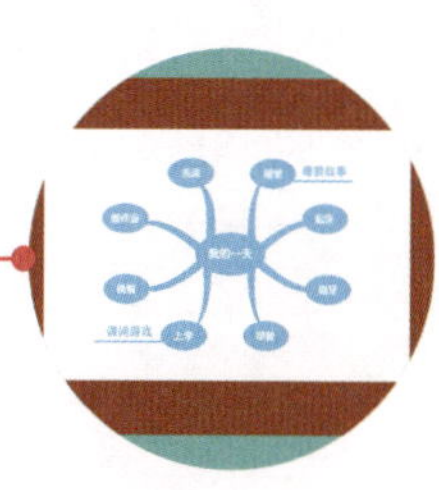

04

将关键字写在线条旁边，字迹要端正。

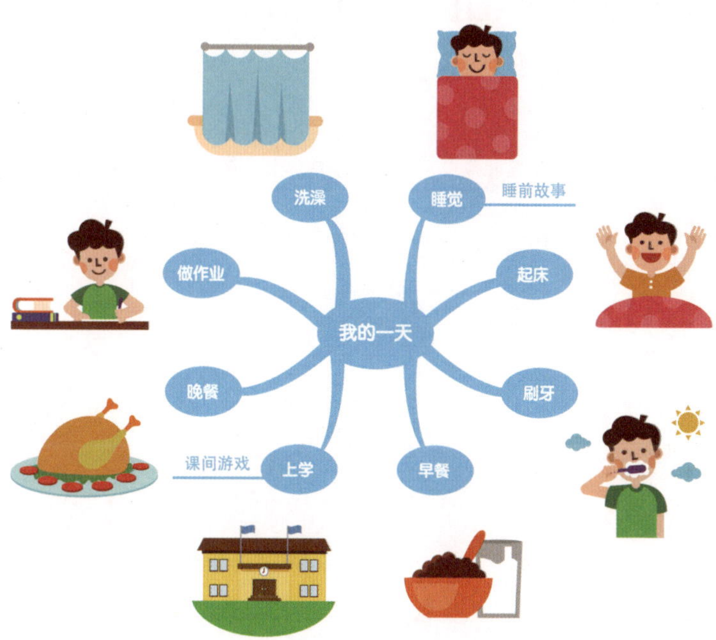

思维导图做好了，事情也记住了。思维导图这种表达事物的方式使我们的大脑、视野、感官纷纷被激活起来，别人理解思维导图也没有年龄上的限制。

和孩子一起绘制思维导图，你可以全场主导并提出问题给孩子，由孩子把答案告诉你，一边绘制线条，一边填上答案，孩子一下子就把内容记在心上了，达到了一边玩、一边学、一边记、一边背的效果。

02 流程图

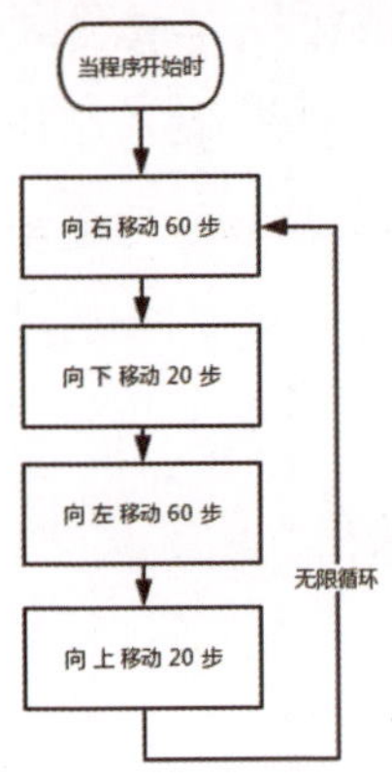
当程序开始时
向右移动 60 步
向下移动 20 步
向左移动 60 步
向上移动 20 步
无限循环

编写程序时，程序设计师经常会在纸上绘制一种图案以帮助团队中的各个成员更好地编写程序和减少程序错误的出现，这种图案叫流程图，是一种解释程序在编写时的规定的流程步骤。

认识流程图符号.01

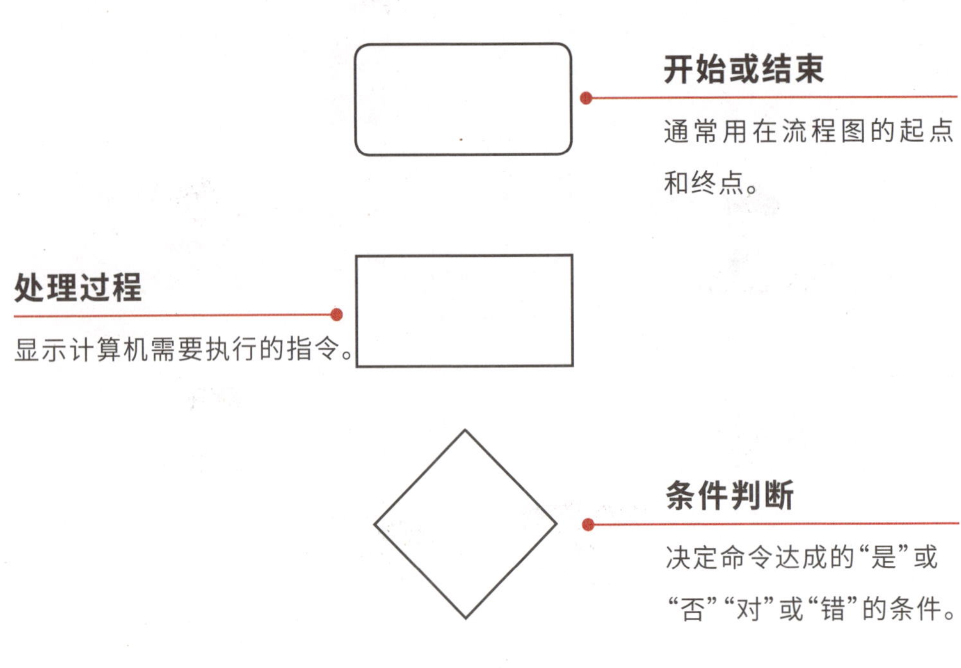

开始或结束

通常用在流程图的起点和终点。

处理过程

显示计算机需要执行的指令。

条件判断

决定命令达成的“是”或“否”“对”或“错”的条件。

流程方向

连接流程方向的符号，箭头表示流程流动的方向。

思维导图和流程图结合学习的价值.02

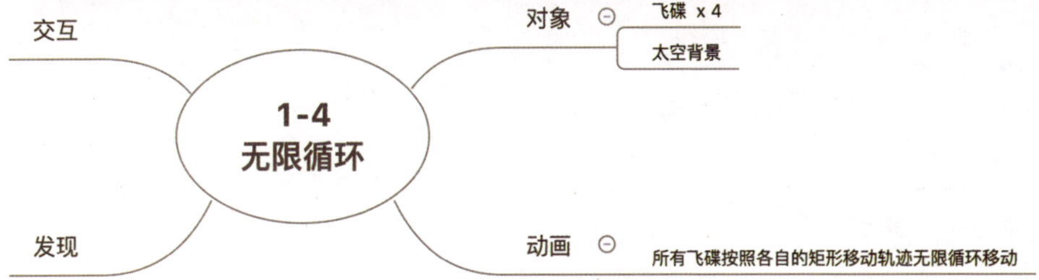

交互
1-4
无限循环
对象
飞碟 x 4
太空背景
发现
动画
所有飞碟按照各自的矩形移动轨迹无限循环移动

思维导图梳理创作内容

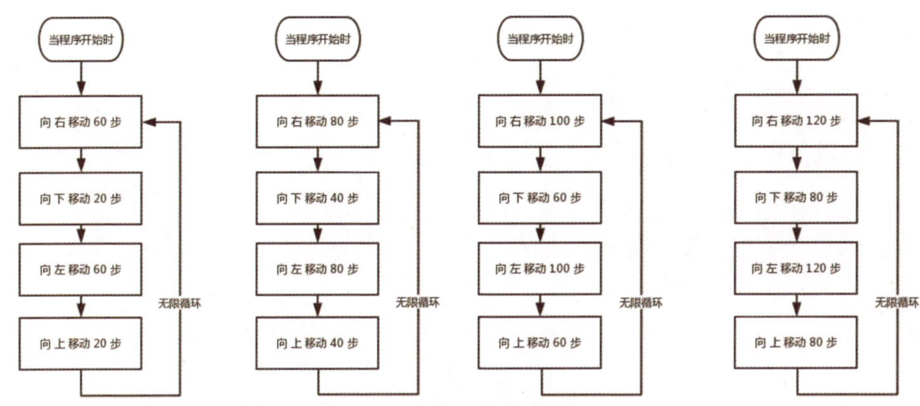

当程序开始时
向右移动 60 步
向下移动 20 步
向左移动 60 步
向上移动 20 步
无限循环
当程序开始时
向右移动 80 步
向下移动 40 步
向左移动 80 步
向上移动 40 步
无限循环
当程序开始时
向右移动 100 步
向下移动 60 步
向左移动 100 步
向上移动 60 步
无限循环
当程序开始时
向右移动 120 步
向下移动 80 步
向左移动 120 步
向上移动 80 步
无限循环

流程图编写程序演算法

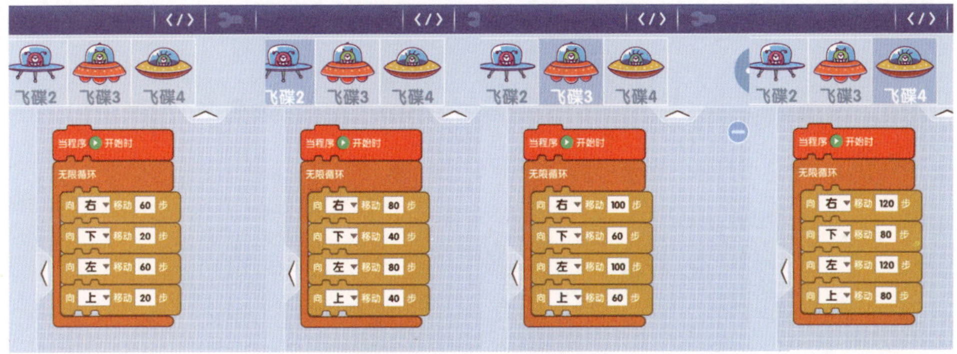

飞碟2
飞碟3
飞碟4
当程序开始时
无限循环

按照流程图编写程序

儿童通过流程图掌握程序的启动、运行和结束的基本过程，更容易理解计算机系统的运行原理。

工程研发流程.03

儿童在编程过程中将学会如何观察，将问题分析出来并表现在思维导图上。利用流程图学会设计模块指令以及编写程序指令的演算法，然后再上机执行解决方案并测试和调整错误，完成整个解决问题的流程。

第08章

游戏化编程——编程一小时

【 主

01

用一小时和孩子在家
学编程、玩编程

116 页

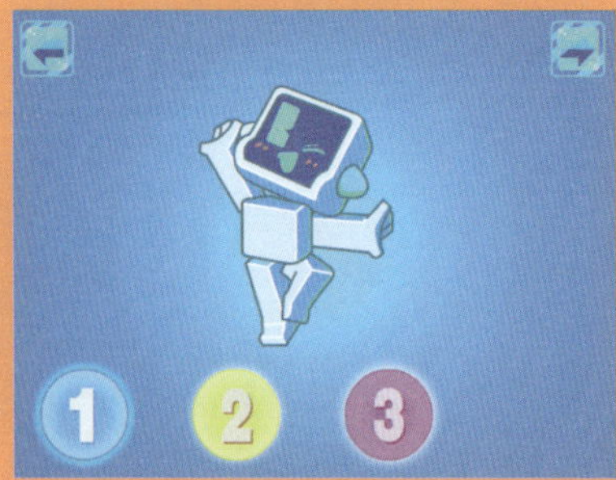

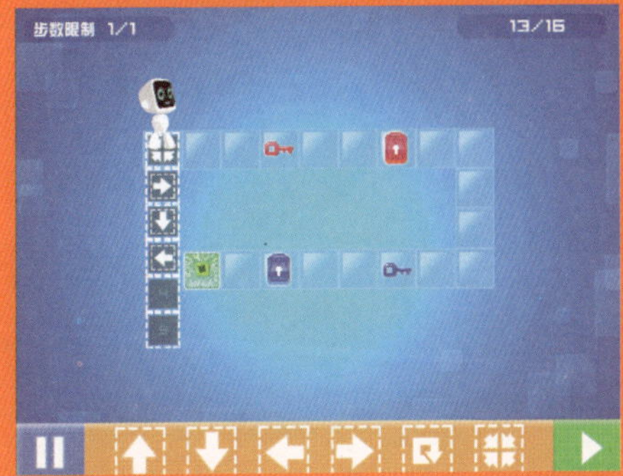

题 】

01 用一小时和孩子在家学编程、玩编程

随着编程语言的革新，现在幼儿园的孩子就可以利用软件学编程、玩编程，甚至创造游戏和动画。

使用像“向前”“向后”“向左转”“向右转”“看”“听”和“说”等语言，以便孩子可以向他们的机器人发送命令。

我们准备了一个“编程一小时”的学习体验和面向家长的引导学习教程和教学卡纸。教程无需家长或老师具备任何编程经验，只需要像给孩子讲故事一样带着孩子操作，就能和孩子一起快乐地学编程，享受亲子互动一小时，也能从中发现孩子对学习编程的兴趣。

＜ 教学卡纸请在清华大学出版社官方网站下载 ＞

在网站中搜索本书书名后单击“资源下载”按钮。

在PC端登录网站

http://kidbot.cn/engineer/challenge.html

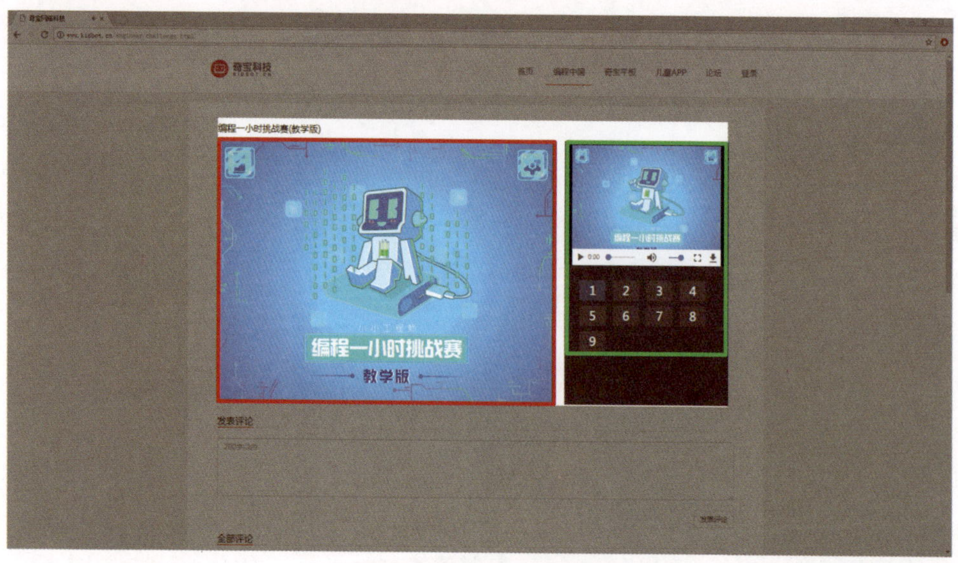

红色线框内是操作的空间，只需要单击任意位置即可开始学习，绿色线框内是教学视频，单击数字1~9可以观看不同阶段的学习教程。

02 步骤1——热身（视频1）

< 家长的话 >

我们看到画面上出现了一个机器人，它就是我们的奇宝机器人。只要单击一下奇宝，下面就会出现4个数字的指令图案，拖曳任意1个指令图案到奇宝身上就可以让奇宝做出动作，不同的指令图案可以让奇宝做出不同的动作。现在我们就来试试看吧（让小朋友动手拖曳指令并放到奇宝身上）。

有没有完成最后一个能让奇宝跳舞的指令？很好，请告诉我第一个指令能让奇宝做出什么动作呀？那第二个呢？第三个呢？最后一个就是我刚刚说的能让奇宝跳舞的指令了，这4个数字符号被我们统一叫作指令，听清楚了吗？这个叫作什么？（指令）很好，那么现在让我们单击屏幕右上方的按钮正式进入游戏关卡吧。

03 步骤 2——指令讲解 方向指令（视频 2）

3-1

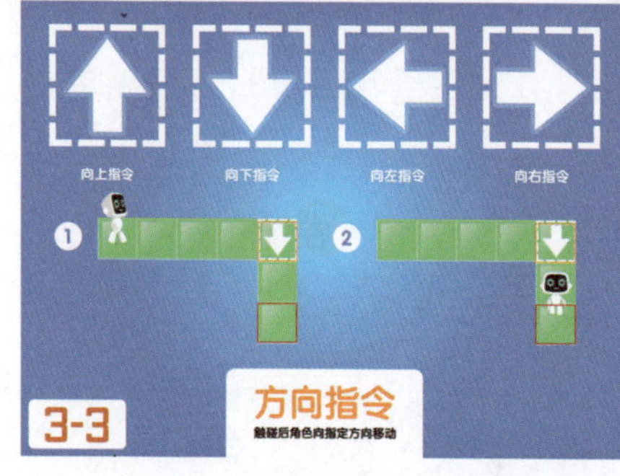

3-3

图3-1显示的指令图案叫方向指令，方向指令是由上、下、左、右四个指令组成的，我们来看一下图3-3。奇宝所在的位置是起点，红色方框是终点位置，我们在交接点(橙色方框)放置了一个方向指令。

当它走到这个位置碰到向下的指令的时候，它会做出怎样的改变呢？(向下移动）小朋友们回答得非常好，那么我们现在就去完成第1、2关卡吧。

04 步骤 3——指令讲解 集合指令（视频 3）

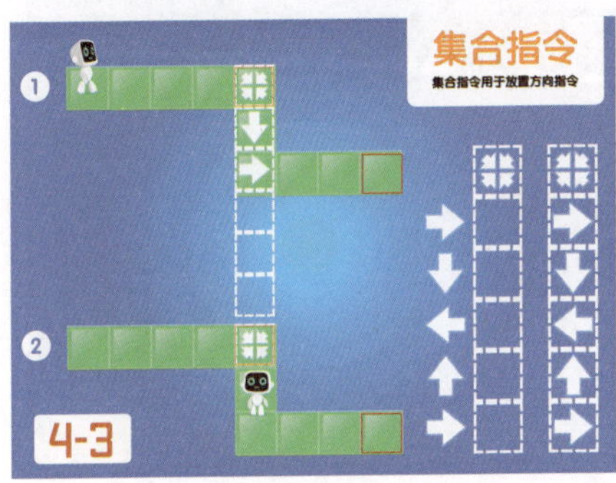

小朋友们掌握了方向指令了吗?现在老师教大家第2个指令，这个指令图案(图4-1)叫作集合指令，它能将方向指令全部打包成一个指令。

在图4-3中奇宝要走到终点位置，就需要奇宝先向下再向右移动，我们在交接点(橙色方框)放一个集合指令，把向下和向右的指令放入集合指令中，我们就能完成这个关卡了。小朋友们都理解了吗?那么我们现在就去完成第3、4关卡吧。

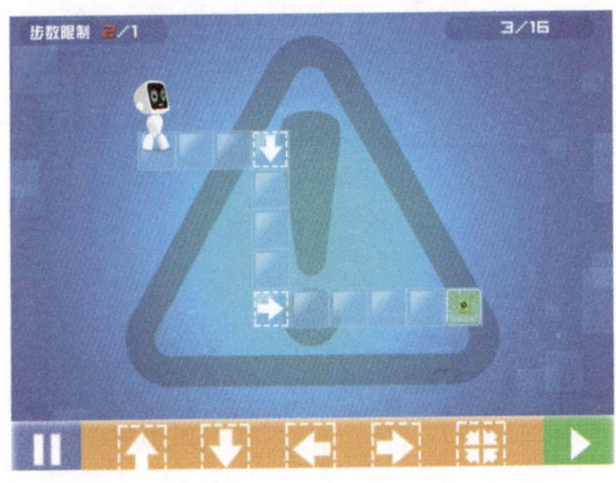

刚才老师看到有一些小朋友在操作的时候，画面上出现了一个感叹号，你们有这个情况吗?留意一下哦。

因为屏幕左上方有一个步数限制，这一关规定大家一定要一步完成，所以一定要利用好集合指令，出错的话我们就再来尝试。

05 步骤 4——指令讲解 循环指令（视频 4）

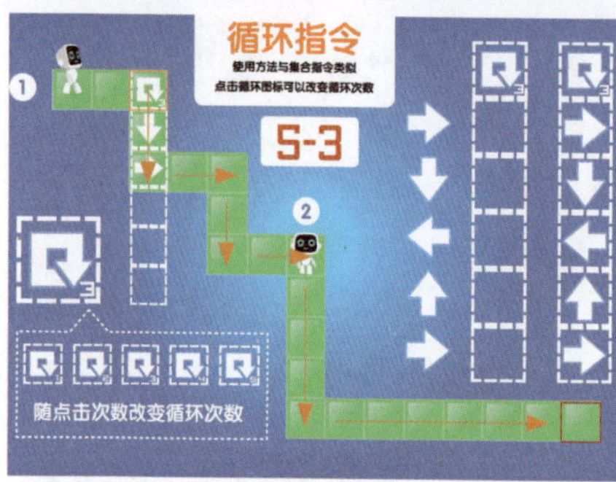

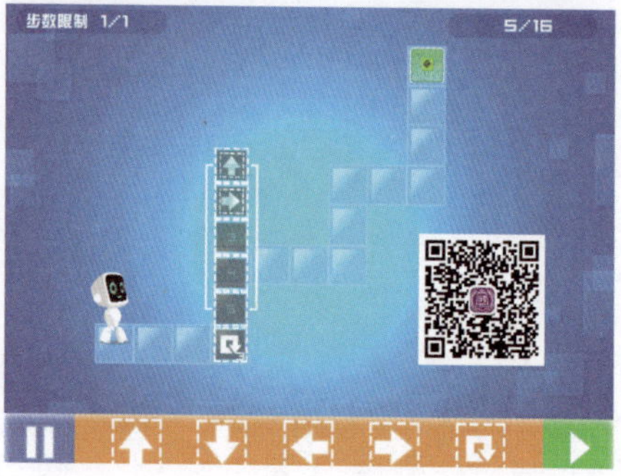

图5-1显示的指令图案叫循环指令，循环指令和刚才的集合指令差不多，都是将方向指令打包成一个指令，不同之处是循环指令可以通过单击来改变循环执行指令的次数。

在图5-3中奇宝想要到达终点，就需要在开始移动后先向下再向右，然后再先向下后向右，最后再先向下后向右移动，连续的向下和向右指令一共重复了几次呀？（3次）对了，一共是3次，那么我们就将循环指令拖曳到橙色方框这个位置，再将向下和向右指令放入循环指令中，然后单击循环指令，将它的循环次数改为3，这样就可以完成了，我们现在就去完成第5、6关卡吧。

06 步骤 5——道具讲解 金币系统 (视频 5)

金币道具
6-1

金币系统
触碰后获取金币
金币数量会影响关卡成绩
6-3

步数限制 1/1
7/16

小朋友们我们现在已经学会3个指令了，它们分别是哪些呢？(方向指令、集合指令和循环指令)实在太棒啦，让我们给自己鼓鼓掌。

然后大家看一下这个指令图案(图6-3)，你们看到了什么呢？(金币)没错，就是金币道具(图6-1)，它是一个道具，在接下来的操作里面，我们需要获取关卡中的所有金币，这样就可以得到一个小星星并完成目标，我们现在就去完成第7、8关卡吧。

07 步骤 6——道具讲解 移动障碍（视频 6）

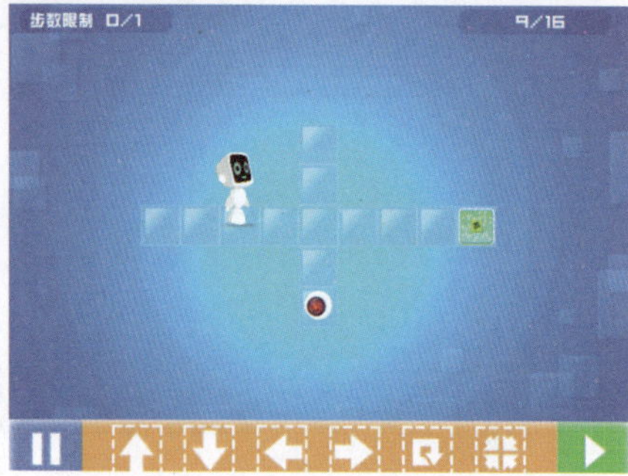

现在让我们一起看一下新的指令图案(图7-1)，这个叫移动障碍道具，奇宝现在要从图7-3的出发点(橙色方框)走到终点位置(红色方框)，途中出现了一个不停移动的障碍物，我们要把握好时机，让奇宝避开移动障碍物，这样才可以通关，否则就会失败哦，那么我们现在就去完成第9、10关卡吧。

08 步骤 7——道具讲解 固定障碍（视频 7）

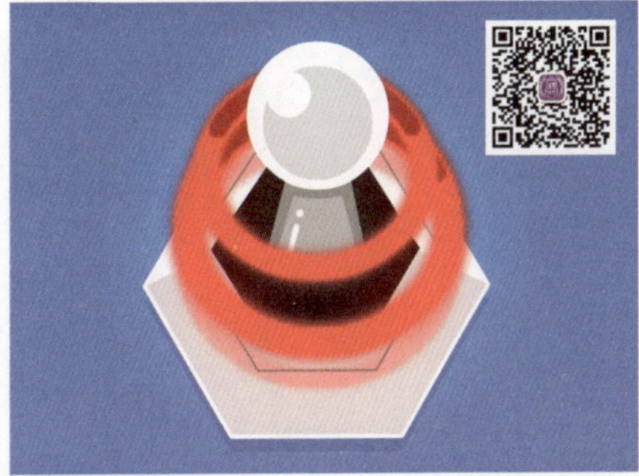

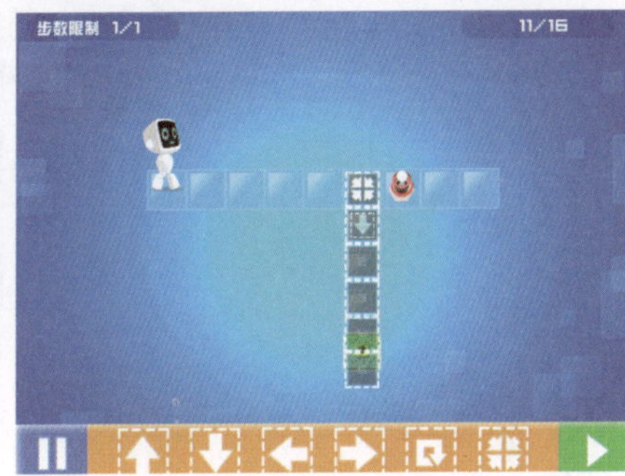

大家看一下图8-1，这个指令图案叫作固定障碍道具，奇宝在碰到固定障碍之前，一定要用方向指令改变它的移动方向(图8-3)，因为固定障碍道具不是一面墙。如果使用集合指令改变方向的话，它就会撞上去，导致游戏失败，那么我们现在就去完成第11、12关卡吧。

09 步骤 8——道具讲解 钥匙与门 (视频 8)

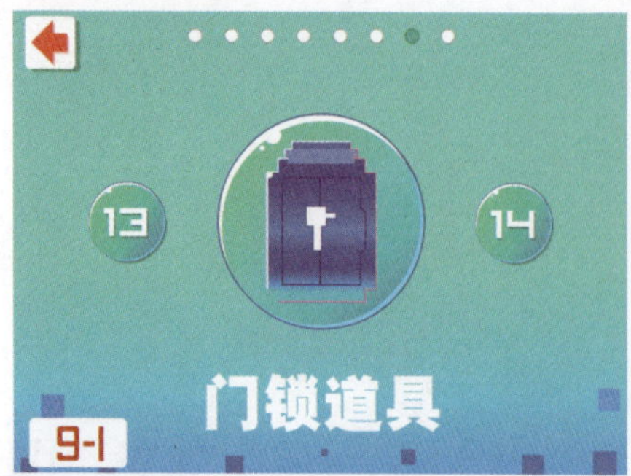

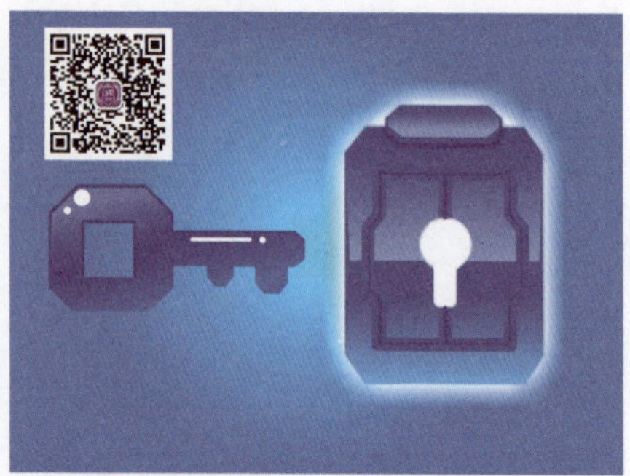

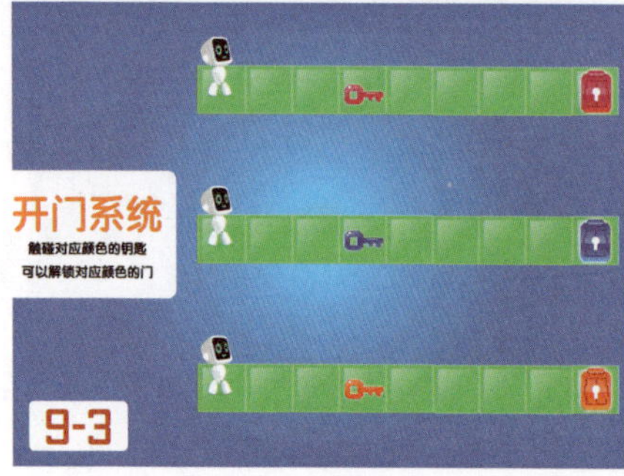

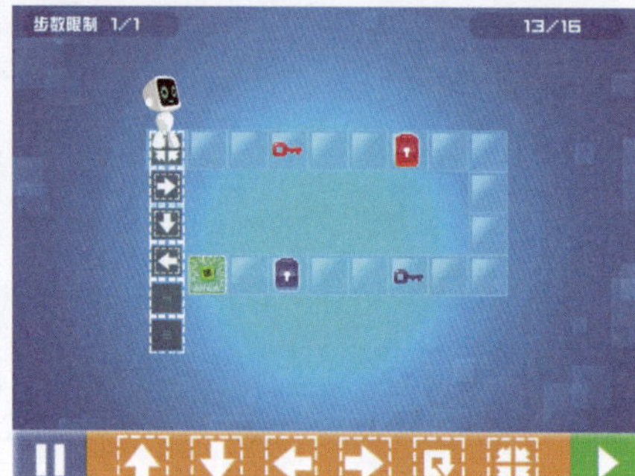

图9-1的指令图案叫作做门锁道具，在图9-3和第13、14关卡中我们可以看到场景中会有红、蓝、橙3种颜色的钥匙和红、蓝、橙3种颜色的门。我们要想完成关卡，就必须先让奇宝获取对应颜色的钥匙，这样才可以打开对应颜色的门，最终使奇宝到达终点，我们现在就去完成第13、14关卡吧。

10 步骤 9——道具讲解 传送门（视频 9）

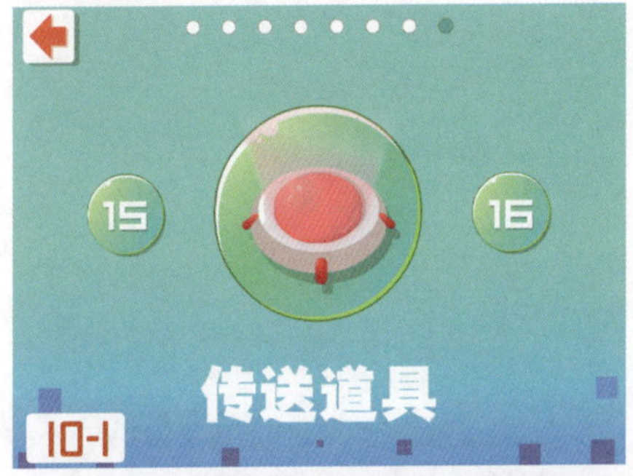

10-1

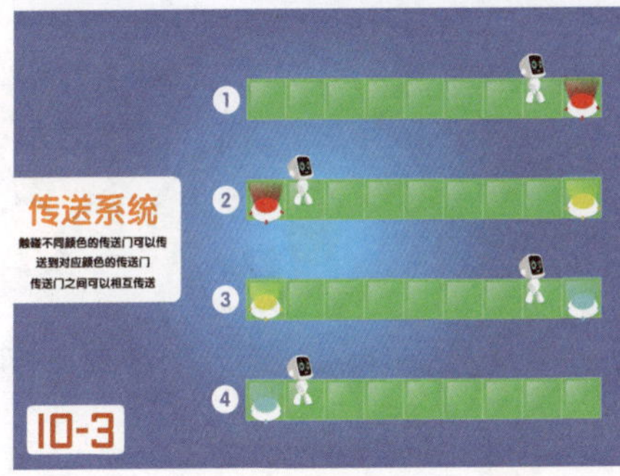

1
2
3
4
传送系统
触碰不同颜色的传送门可以传
送到对应颜色的传送门
传送门之间可以相互传送

10-3

小朋友们，现在我们学习最后一个指令，叫作传送道具(图10-1)，它有红、黄、蓝3种颜色。

在图10-3里，红色的传送道具可以把奇宝传送到另外一边的红色传送道具（数字2）上，那么黄色的传送道具能把奇宝传送到什么颜色的传送道具上面呢？（黄色数字3上）很好，小朋友们都非常聪明，我们现在就一起去完成最后的第15、16两个关卡吧。

KIDB

CODEC

.CN

A.ME

第09章

火种图形化编程实战接触

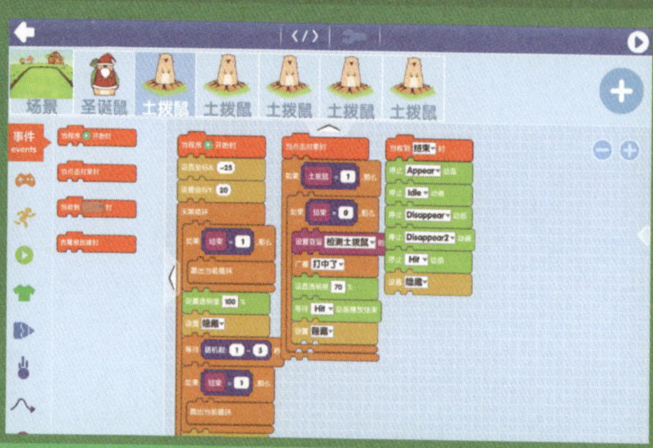

【主

题 】

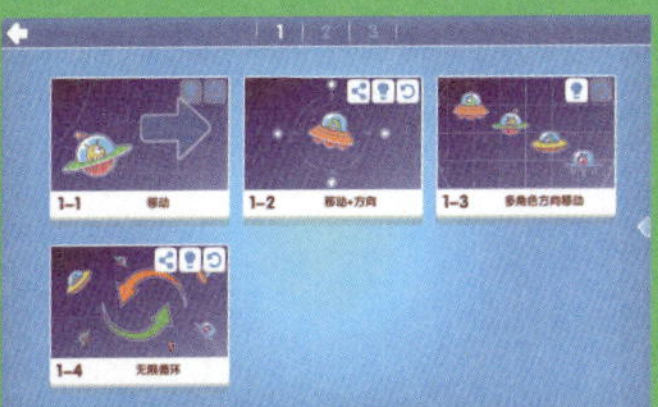

01 火种工具介绍

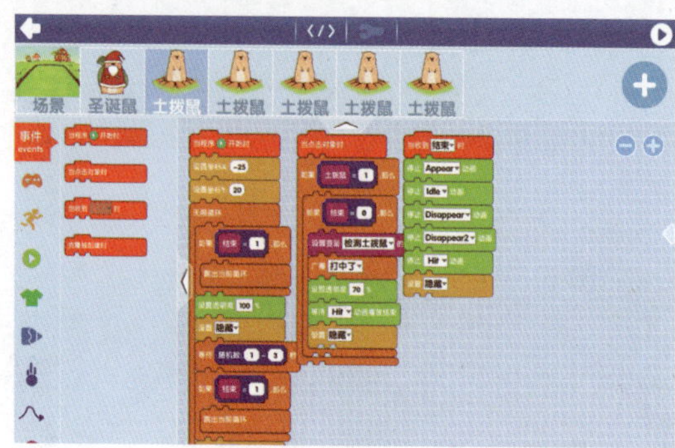

火种是一款儿童编程教育工具,面向5~12岁的儿童,通过有趣易学的方式制作互动故事、游戏、动画、音乐、美术。

火种能够让我们将计算机科学的思维与正规的编程语言操作分开学习,使孩子可以在更低的年龄更好地接触这门学科,提高他们的学习能力。

< 火种图形化编程工具的特点.01 >

01
是一个图形化儿童编程学习平台

02
相对专业编程更简单

03
像玩积木一样堆砌模块指令

04
可以创造游戏、音乐、故事等内容并分享

05
使学习编程变得容易和有趣

06
对儿童起步学习编程刚刚好

02 火种和其他编程语言有什么区别

我们很难要求孩子坐在椅子上集中注意力地编写HelloWorld程序，我们需要的是快速并有效果地吸引孩子的注意力，所以火种提供了一个拖曳的环境，用带有明亮颜色的模块了解结构化编程，并快速查看结果，使学习编程变得容易和有趣。

通过火种，孩子可以学习计算机解决问题的思维过程，并且基于火种编程平台创造游戏、音乐、故事等内容。而我们平常听到的C、Java、Python这种正规的编程语言则没有这样的局限和限制，它们可以构建出不同技术领域的程序，但较难让初学者学习。

火种是一款编程教育工具，能够让我们将计算机科学的思维与正规的编程语言操作分开学习，使孩子可以在更低的年龄更好地接触这门学科，提高他们的学习能力。

火种最大的特点就是在拖曳的环境中不会出现语法错误的问题，只留下孩子能够接受的，只要拖拖、放放就可以组合出自己的游戏逻辑，从而专注于程序的逻辑结构，不会因为少一个分号、括号或者拼错字母而导致还未建立计算机思维，反而先连连挫败。

< 图形化编程的举例介绍与基础代码的区别.01 >

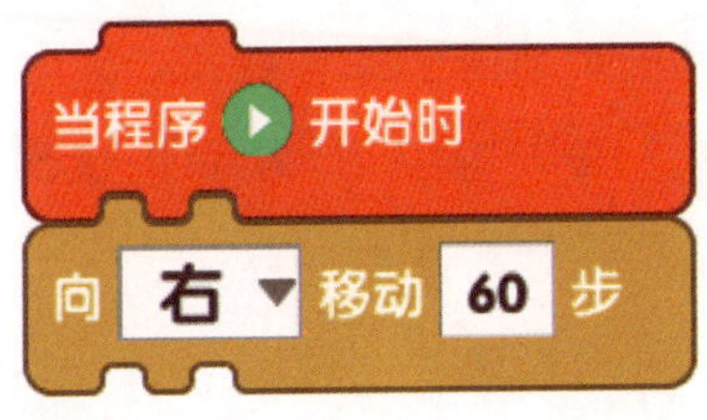

这个代码的解释是：
当程序开始时，
角色向右移动60步

当孩子懂得这个代码的意思后，便可以自己自由地拖曳模块，然后创造出自己的目标和效果，这就是编程的过程。和文字编程相比，孩子面对的是图形化界面，有多款角色可以让他操作，并创造出自己的世界。

03 火种图形化编程4大学习法则

01 案例

给孩子提供探索编程的基础，体验把想法变成可以和其他人分享的创作过程。

02 分享

团队击败个人，鼓励孩子之间的协作和案例分享以及怎样修改案例规则。

03 热情

让孩子专注于自己喜欢的案例，他们学习的时间会更长，学习的内容会更多。

04 玩耍

鼓励孩子勇于尝试、敢于试错，从失败中学习，从而创造出惊人的设计和案例。

04 火种的安装、设置、使用和支持介绍

< 下载地址.01 >

学习项目	下载地址	在线学习
用手点中飞碟，飞碟就会消失	在清华大学出版社官方网站中搜索本书书名后单击“资源下载”按钮。	

01 单击单元课程网址，输入密码，下载到本地。

02 需要对应的PC端系统才能运行和使用，如果在Windows系统中下载Mac OS系统的版本，就会无法打开。

< Windows系统的安装和设置步骤.02 >

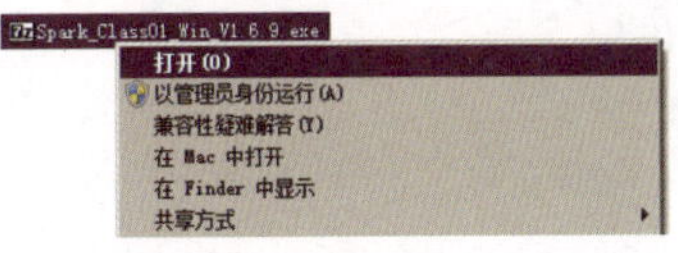

01

双击下载的可执行程序或右击并在弹出的菜单中选择“打开”。

02

自定义解压到指定的文件夹位置，再单击Extract按钮，解压出对应的课程文档。

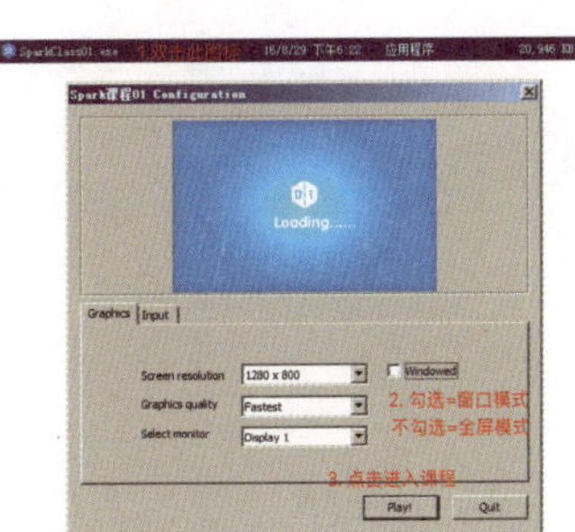

03

解压后进入文件夹，双击SparkClass01.exe，此时会弹出窗口，勾选Windowed(意思是进入窗口模式，不勾选则进入全屏模式)之后单击play按钮，软件自动进入课程。

< Mac OS系统的安装和设置步骤.03 >

Spark_Class01_Mac_V1.6.9.app.zip

Spark_Class01_Mac_V1.6.9

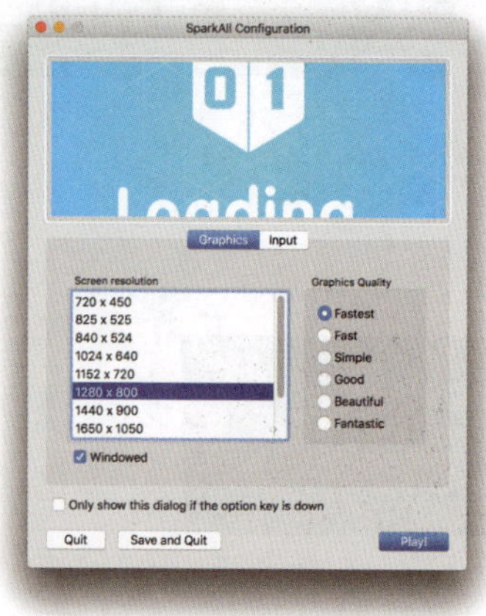

在Mac OS系统中，下载后只需双击解压文档，再双击解压出来的软件图标，软件打开后和Windows系统的操作相同。

< 火种使用流程和技巧.04 >

01 软件登录

会员直接输入账号和密码登录。

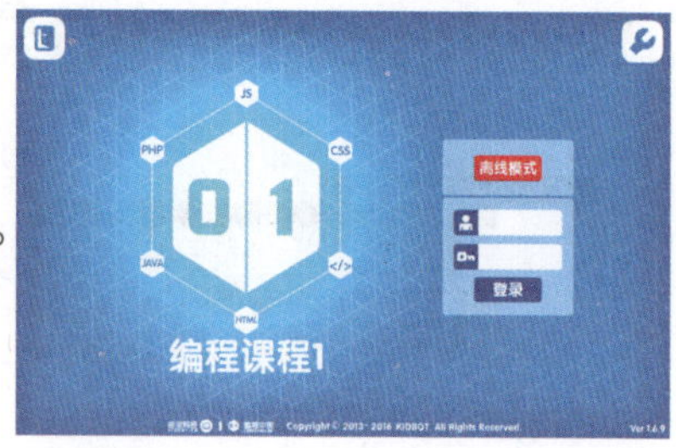

02 语言切换

在登录页面中单击右上角的“扳手”图标，单击第2个按钮可以切换中文简体、中文繁体和英文。

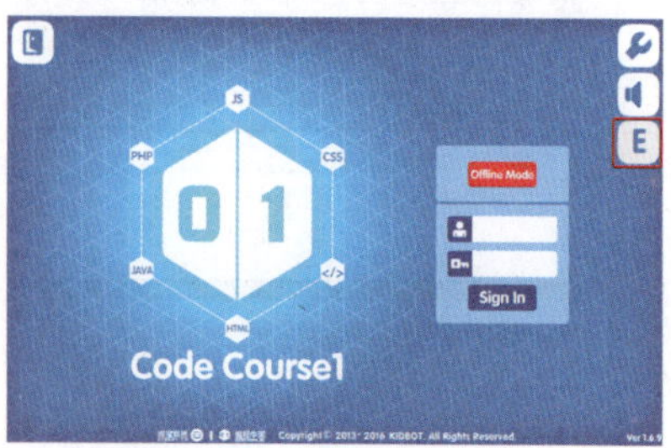

03 开展学习

目录中有4个功能,选择“教学”。

04 小节选择

单击图标,开始学习编程课程。

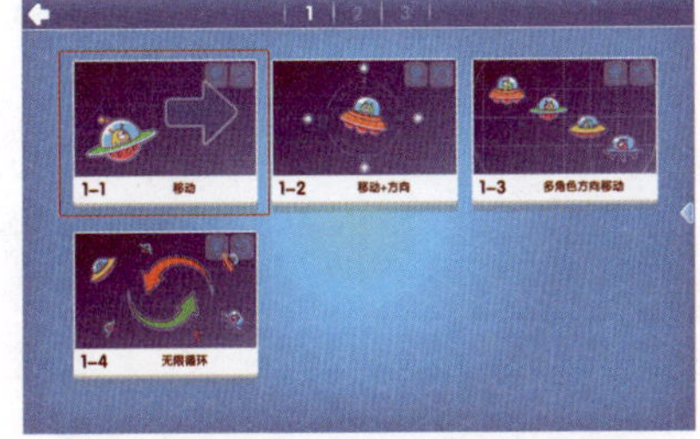

05 自由创作项目方式

在目录页面中选择“创作”,然后选择“新建项目”,即可自由创作自己的案例。

06 项目编辑方式

单击项目右下角的"图标"可以将项目重新命名、删除和分享。

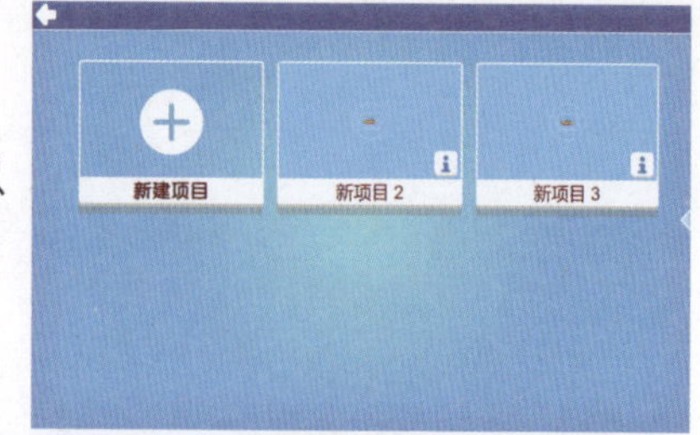

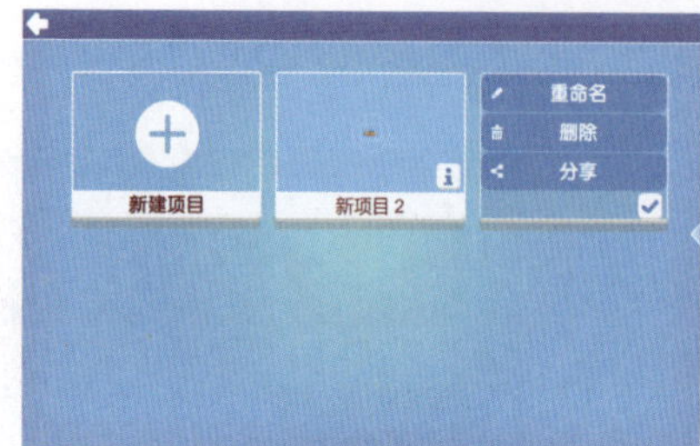

07 分享创作项目方式

在目录页面中选择"分享",然后便可以看到所有人分享的作品以及设置自己的作品是否分享。

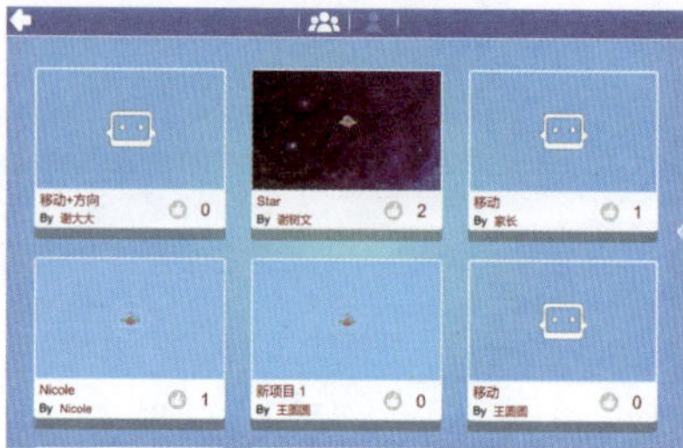

05 14种火种图形化编程知识点实操

< 对象.01 >

对象是组成每个项目的一部分,编写程序前必须添加至少一个对象。

在火种上添加对象的方法

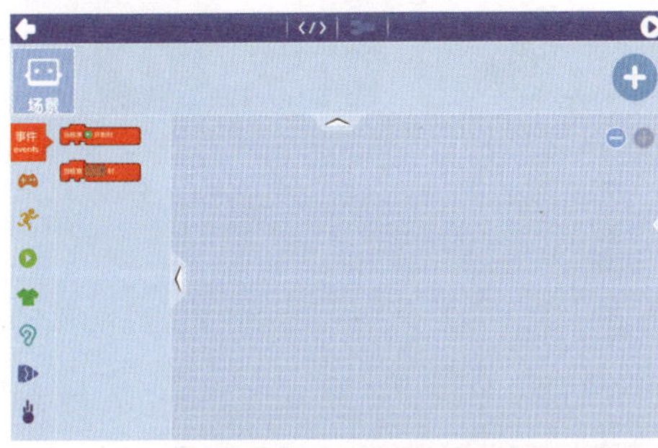

单击右上角"+"号

选择"对象"

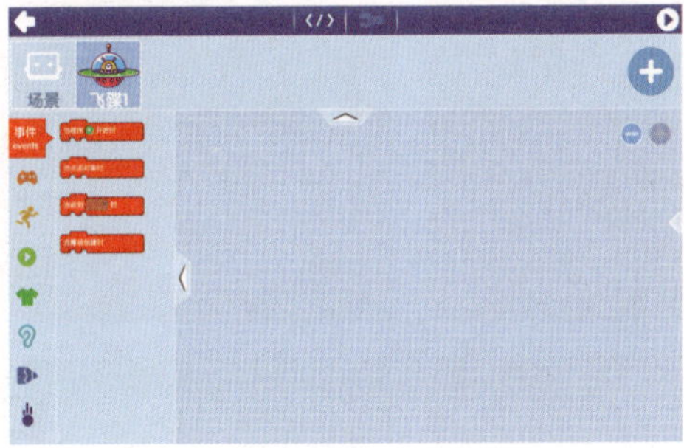

成功添加对象

< 功能模块.02 >

模块是火种的基本组件,每一个作品和其中的对象都由模块组合成特定的动作指令并产生效果。模块永远固定在页面的左侧,这些模块可以实现不同的功能并使对象做出不同的反应。

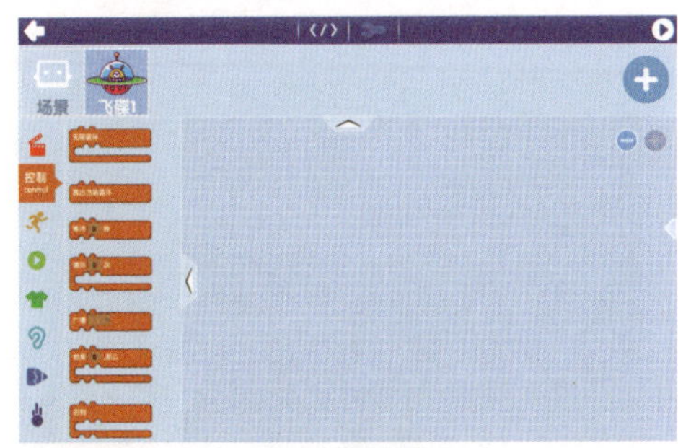

控制功能模块

< 指令.03 >

每一个模块就是一个指令，它告诉对象能够做某些事，将每一个功能模块切分成多个模块组，方便阅读、理解和修改，也有利于程序的除错。

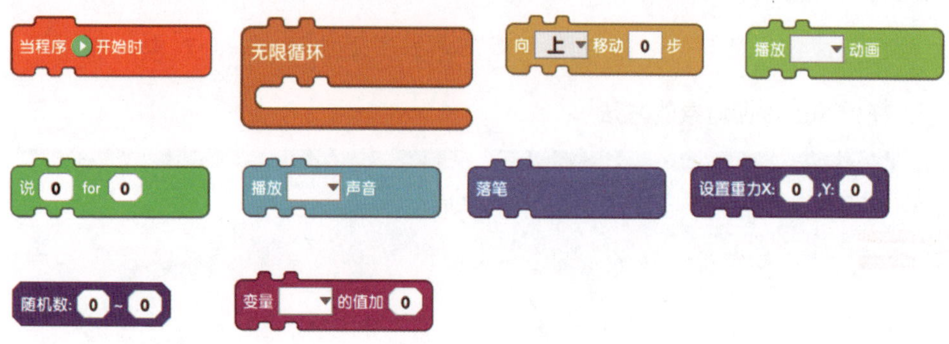

火种的功能模块指令一览

事件
events
使指令在项目启动运行时执行。
每个对象在做出动作前都需要添加时间模块里的指令。
当程序 开始时
当点击对象时
当收到 时
克隆被创建时

控制
control
控制或造成其他事件模块的效果，或发送广播产生新的事件。
设定程式流程控制，含循序结构、重复结构、选择结构。

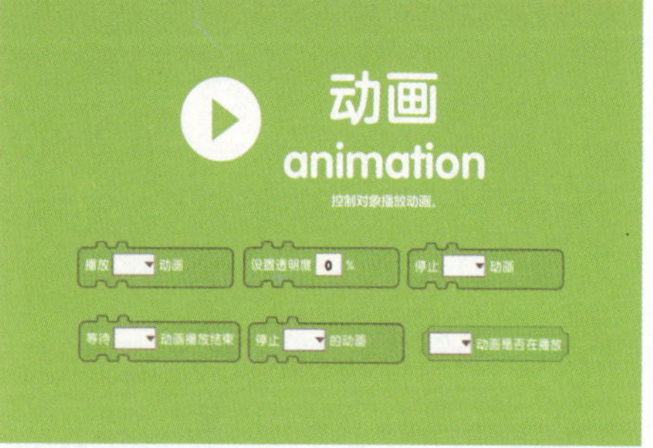

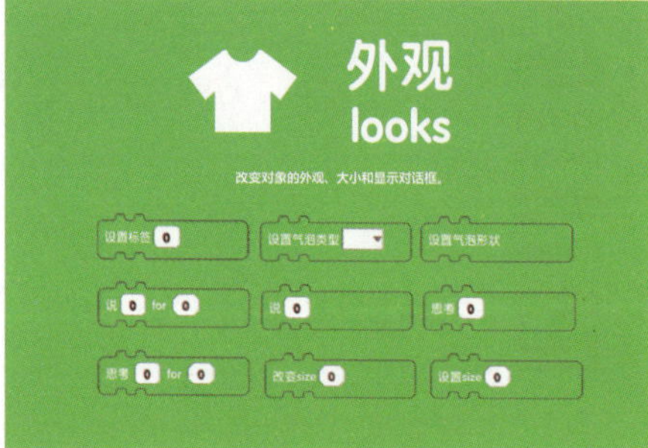

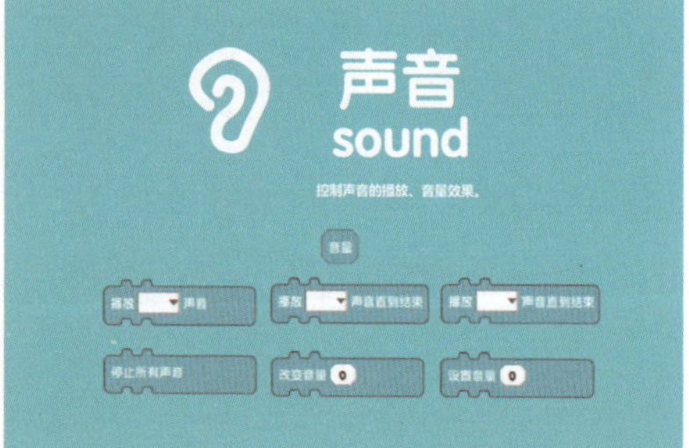

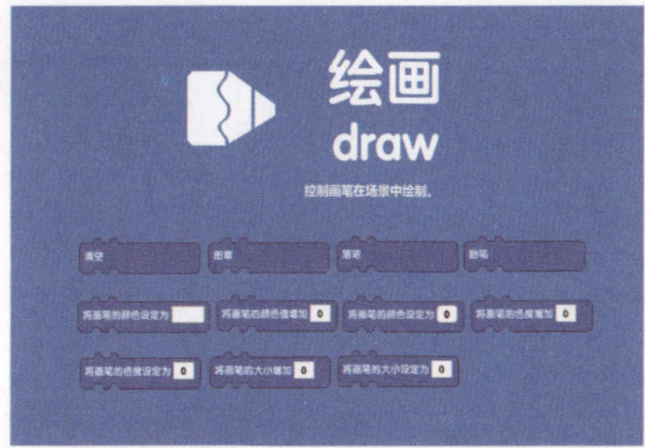
绘画
draw
控制画笔在场景中绘制。

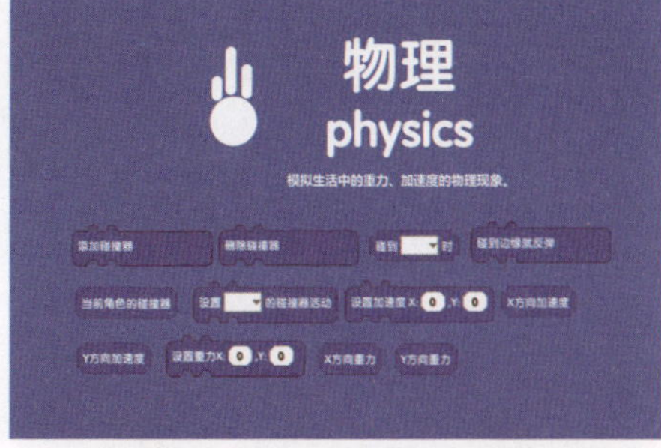
物理
physics
模拟生活中的重力、加速度的物理现象。

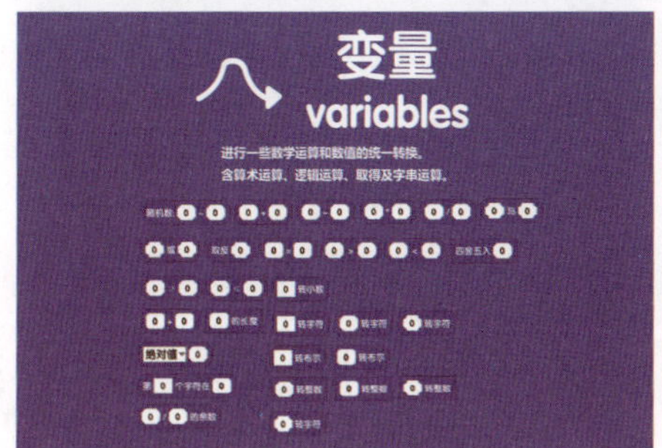
变量
variables
进行一些数学运算和数值的统一转换。
含算术运算、逻辑运算、取得及字串运算。

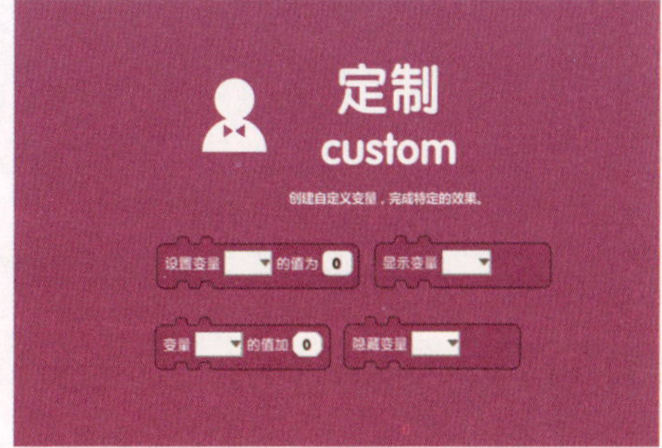
定制
custom
创建自定义变量，完成特定的效果。
设置变量 的值为 0
显示变量
变量 的值加 0
隐藏变量

< 队列,顺序,次序.04 >

每一段完整的程序指令都会细分为队列的形式，然后按从上到下、从左到右的顺序执行每条指令。所以在创作程序时，系统地思考代码的执行顺序是很重要的事情。

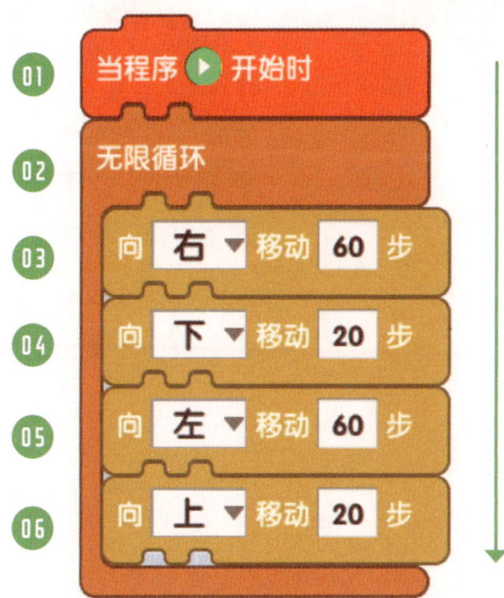
01
当程序 开始时
02
无限循环
03
向 右 移动 60 步
04
向 下 移动 20 步
05
向 左 移动 60 步
06
向 上 移动 20 步

< 数学中的坐标体系.05 >

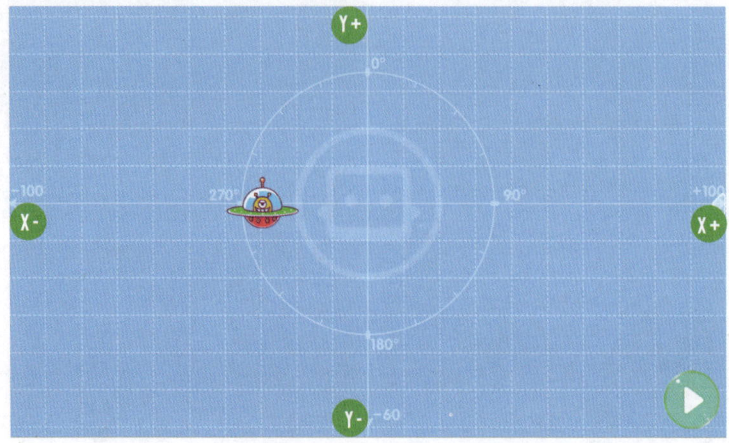

背景是以中心为原点的直角坐标系，x轴正方向为右，负方向为左。y轴正方向为上,负方向为下。通过（x，y）坐标显示所有对象的位置。对象默认位置的坐标是0,0。

编程一分钟,跟着做一做

设置当程序开始时，
对象先等待2秒，
然后从原来的位置移动到
坐标为(X,30)的位置。

设置当程序开始时，
对象先等待2秒，
然后从原来的位置移动到
坐标为(Y,30)的位置。

相关指令及指令作用

视频学习一分钟

设置坐标X: 0

设置对象出现在X轴横向的指定位置

x
停车位就好比是X轴上的一个点

设置坐标Y: 0

设置对象出现在Y轴纵向的指定位置

y
行人走的斑马线就好比是Y轴

< 循环.06 >

有时你会遇到一些重复的动作，如果每次都将相同的指令不断复制和拖曳，实在是一件无聊、郁闷的事情。

如果重复的指令模块多，是很不方便阅读的，好的程序应该让人能够方便地阅读和理解。

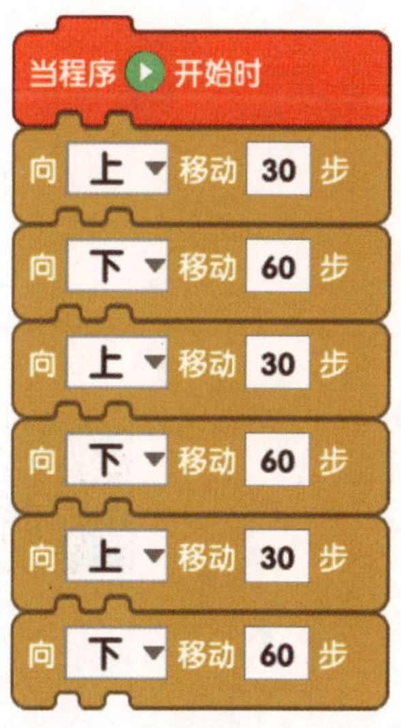
当程序 开始时
向 上 移动 30 步
向 下 移动 60 步
向 上 移动 30 步
向 下 移动 60 步
向 上 移动 30 步
向 下 移动 60 步

而且不断地拖曳重复的模块显得相当烦琐，沉闷。遇到修改的话操作起来可能更不方便，因为每个模块可能都要修改。

重复工作是计算机的强项，不应该由我们自己操作。其实有一个很方便的模块指令可以执行重复的工作，让对象对一个指令或者一段指令重复执行工作。

在火种里，利用循环x次的指令模块可以产生循环效果，还能设置循环的次数。这样做的好处是使代码简短、简单、容易阅读。

当程序 开始时
循环 10 次
向 上 移动 30 步
向 下 移动 60 步

循环x次模块

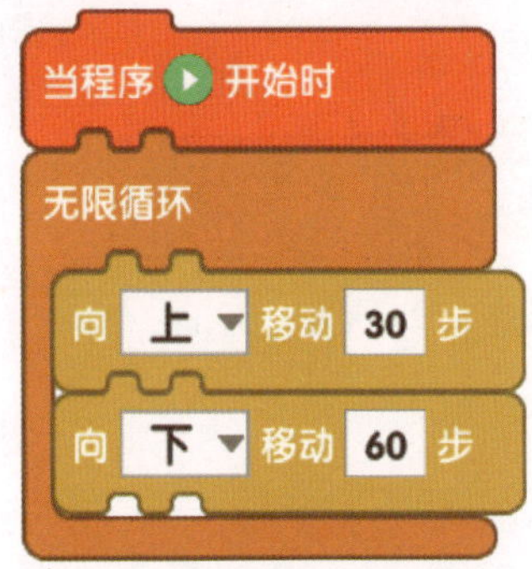

当程序 开始时
无限循环
向 上 移动 30 步
向 下 移动 60 步

无限循环模块

编程一分钟，跟着做一做

场景
飞碟1
行动
motion
当程序 开始时
循环 5 次
向 左 移动 5 步

当程序开始时，

控制对象循环5次向左移动5步。

场景
飞碟4
行动
motion
当程序 开始时
无限循环
向 上 移动 60 步
向 下 移动 60 步
向 左 移动 60 步
向 右 移动 60 步

当程序开始时，

控制对象无限循环向上、下、左、右各移动60步。

编程一分钟，程序原理是这样

相关指令及指令作用

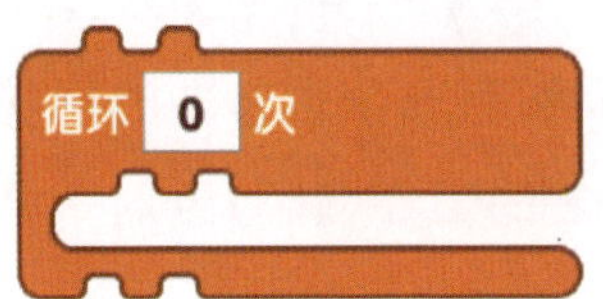

循环 0 次

将事件重复执行指定次数

视频学习一分钟

拍动3次
这就属于循环指令

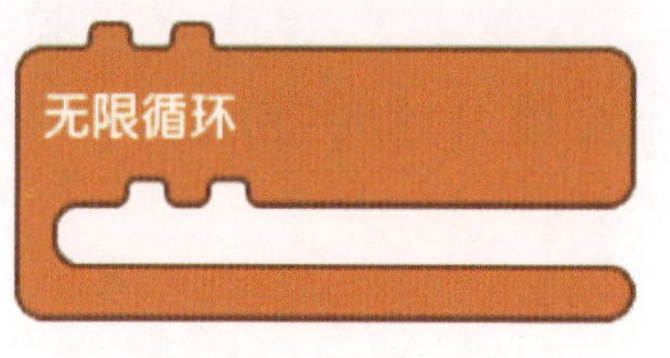
无限循环

将事件重复执行无限次

这就属于无限循环指令

< 多线程.07 >

通过多线程，程序可以同时运行超过两项的独立动作或者同时触发事情，又或者通过一件事导致另一件事的发生。如通过单击、碰撞对象等方式触发两项或两项以上的指令运行。

当程序 开始时
广播 笑

当收到 笑 时
播放 Smile 动画

< 事件.07-1 >

当点击对象或收到广播等时指令触发的事件。

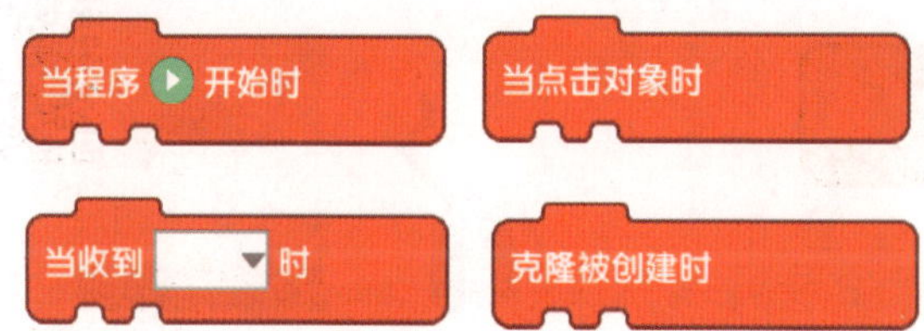
当程序 开始时
当点击对象时
当收到 时
克隆被创建时

< 事件.07-2 >

协调多个对象之间的动作。

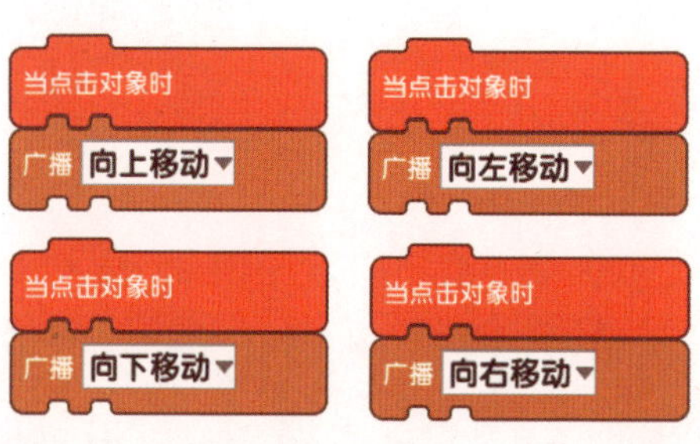
当点击对象时
广播 向上移动
当点击对象时
广播 向左移动
当点击对象时
广播 向下移动
当点击对象时
广播 向右移动

当收到 向上移动 时
向 上 移动 5 步
当收到 向左移动 时
向 左 移动 5 步

当收到 向下移动 时
向 下 移动 5 步
当收到 向右移动 时
向 右 移动 5 步

编程一分钟,跟着做一做

场景
飞碟1
事件
events
当程序 开始时
广播 事件1
当收到 事件1 时
向 右 移动 5 步

当程序开始时,广播事件1控制对象向右移动5步。

编程一分钟,程序原理是这样

相关指令及指令作用

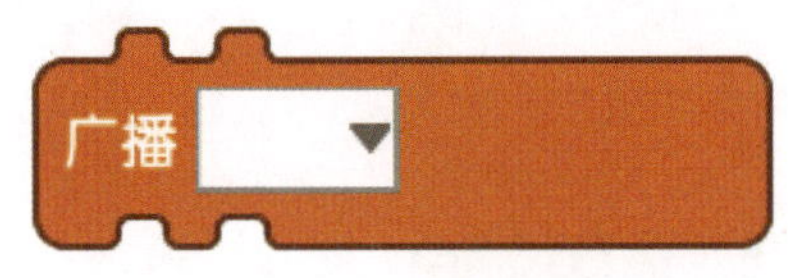

广播

广播一个设置好的消息给整个程序

当收到 时

接收其他模块广播的一个特定事件

视频学习一分钟

远处的直升机看到求救信号

买玩具

< 数据变量.08 >

在游戏中看到的名字、分数或其他信息都是通过变量组建出来的，计算机程序通常使用变量存储信息。

变量多数用在游戏中的分数计算。在游戏中，生命也是常见的变量，如果犯了错误，就会失去生命。当程序运行时，有些内容需要用变量保存信息，以让程序在运行时可以访问和更改这些信息。

为每个变量取个好名字，以免忘记它们。例如拿起牙刷挤上牙膏就会刷牙，想起名字就能想起某个变量。

并非只有数字才可以成为变量，数字或文本都可以成为变量。要想使用变量，需要先定制一个新的命名变量，然后才可以使用。

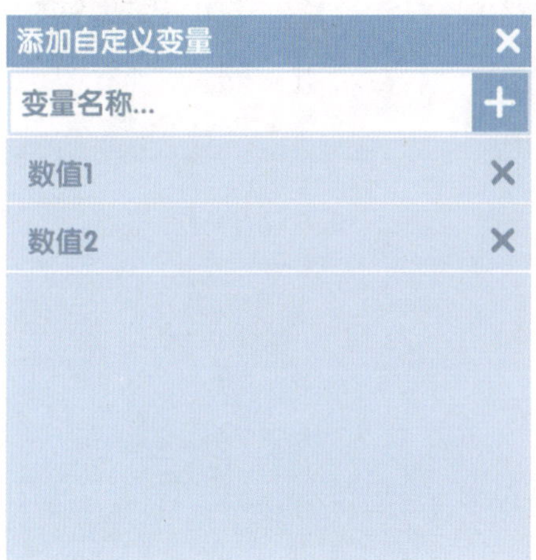
添加自定义变量
变量名称...
数值1
数值2

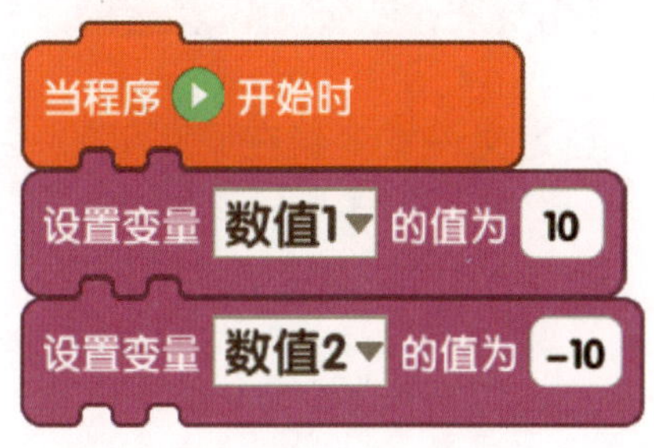
当程序 开始时
设置变量 数值1 的值为 10
设置变量 数值2 的值为 -10

编程一分钟，跟着做一做

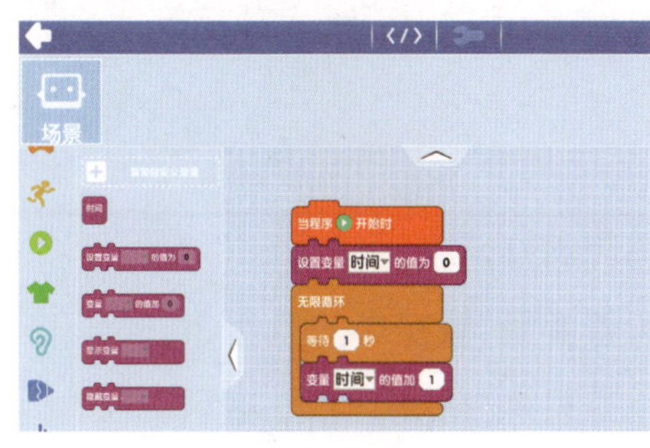
场景
当程序 开始时
设置变量 时间 的值为 0
无限循环
等待 1 秒
变量 时间 的值加 1

在场景添加变量时间，
当程序开始时，
设置变量时间的值为 0，
执行无限循环，
等待1秒后，
变量时间的值增加1，
结果就是变量每等待1秒数值就增加1，就像计时器一样。

编程一分钟，程序原理是这样

相关指令及指令作用 **视频学习一分钟**

自定义设置变量的值

自定义设置变量在原有值的基础上增加指定值

< 数学中的算术运算.09 >

加、减、乘、除4种基本运算适用在具体的场景中。

对运算符号两边的内容进行相加、相减、相乘、相除、余数运算。

编程一分钟，跟着做一做

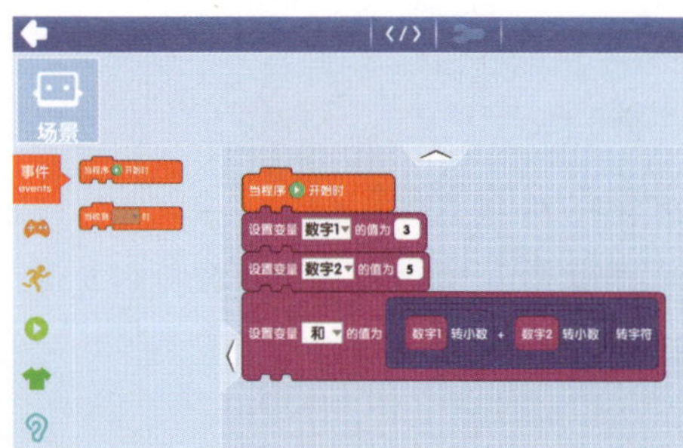

当程序开始时，
设置变量“数字1”的值为 3，
设置变量“数字2”的值为 5，
设置变量“和”的值为变量，
“数字1”+“ 变量数字2”的结果，
这样程序就会自动运算3+5的“和”=8。

编程一分钟，程序原理是这样

相关指令及指令作用

对加号两边的内容进行相加

视频学习一分钟

这就属于"变量"里的"加法"

< 数学中的数据分析和处理.10 >

< 数据类型.10-1 >

最常见的是整数和小数，另外还有布尔类型（真或假）、字符类型（文本）。

布尔是一个真或假的表达式。

是否按下?　是克隆吗?

< 数据比较运算.10-2 >

数学中比较数字大小的大于号、等于号和小于号。判断条件A是否大于、小于或等于条件B。

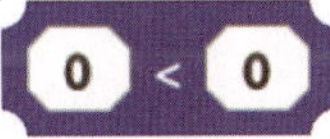

编程一分钟，跟着做一做

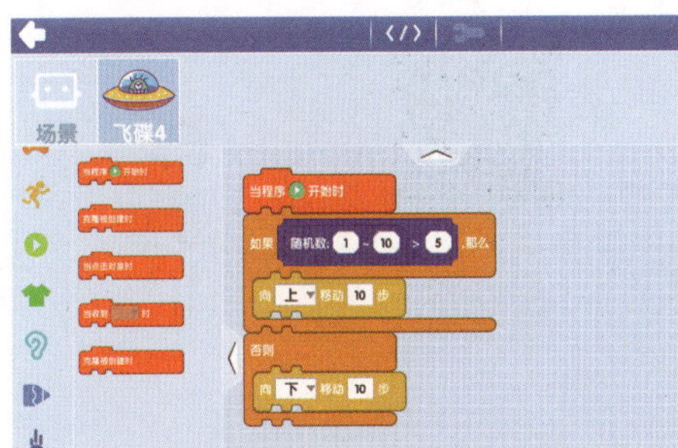

设置对象在程序开始时，

如果生成随机数1~10，

且随机出来的数值大于5，那么

向上移动10步，

否则，

向下移动10步。

编程一分钟，程序原理是这样

相关指令及指令作用

设置大于号旁边的2个条件，

然后判断条件A是否大于条件B

视频学习一分钟

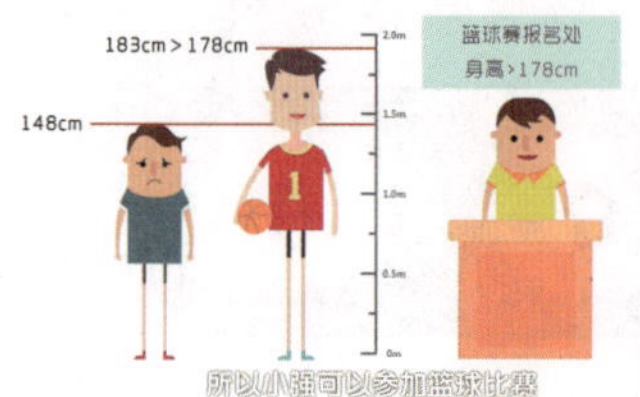

< 数学函数.10-3 >

接触一些基本的数学函数，包括绝对值、三角函数等。

sin 0　平方根 0　向下取整 0　向下取整 0　tan 0

编程一分钟，跟着做一做

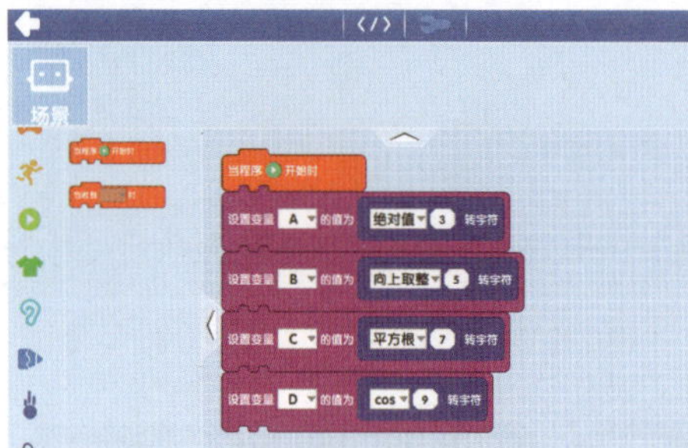

当程序开始时，

设置变量A的值为3的绝对值，

设置变量B的值为向下取整5，

设置变量C的值为7的平方根，

设置变量D的值为cos9。

编程一分钟，程序原理是这样

相关指令及指令作用

绝对值 0

集成了一些常用的数学运算

函数，如绝对值、向上取整等

视频学习一分钟

< 逻辑判断.II >

< 条件判断.II-I >

有时程序需要你给出一些判断才能令它做出对应的动作或者知道下一步需要执行什么动作，又或者要等你做出什么动作后再执行下一步的动作。

另外，还有一个模块指令可以做出决定，就是“如果，就，否则”模块，可以理解成“如果现在是下雨天，外出就要带雨伞，否则就戴副太阳眼镜”。

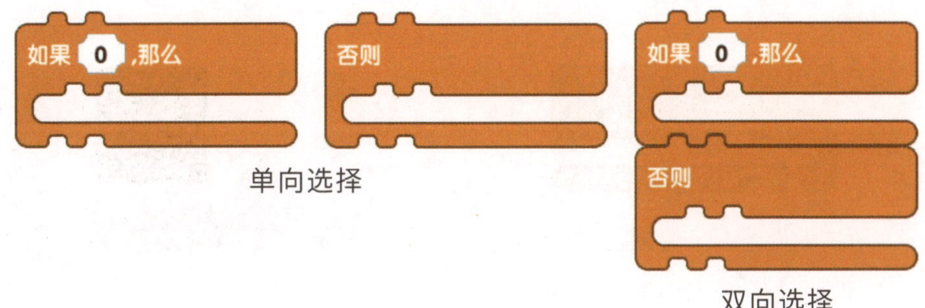
如果 0 ,那么
否则
如果 0 ,那么
否则

单向选择

双向选择

编程一分钟，跟着做一做

场景
飞碟1
事件
events
当程序 开始时
无限循环
如果 是否按下? ,那么
向 上 移动 10 步

当程序开始时，

无限循环检测，

鼠标如果被按下，

那么对象向上移动10步。

场景
飞碟1
行动
当程序 开始时
无限循环
如果 是否按下? ,那么
向 上 移动 10 步
否则
向 下 移动 10 步

当程序开始时，

无限循环检测，

鼠标如果被按下，

那么对象向上移动10步，

否则，

对象一直保持循环向下移动10步。

编程一分钟，程序原理是这样

相关指令及指令作用

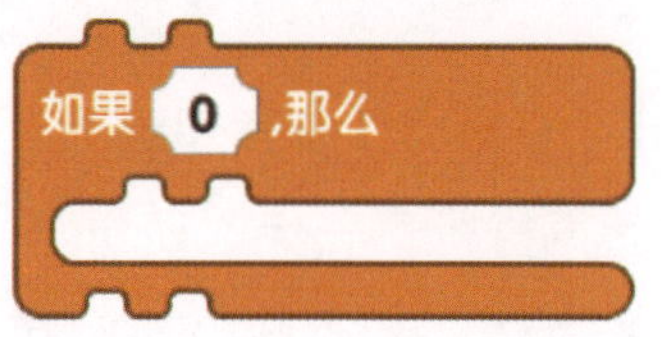

如果满足设置的参数条件，
那么就运行模块下的指令

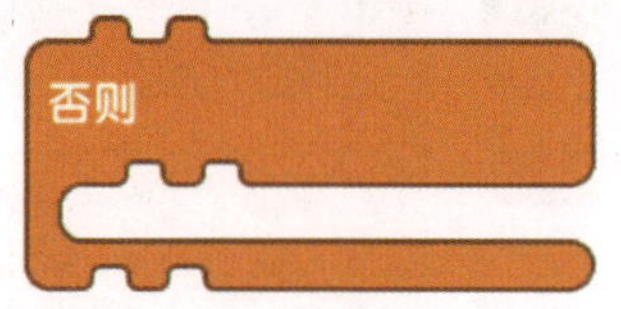

如果满足不了设置的参数，
那么就运行模块下的指令

视频学习一分钟

A
B
C
D
那么小C就应该排在小B的后面

< 逻辑与数学的组合——比较逻辑.II-2 >

大于、等于、小于是三种逻辑判断。

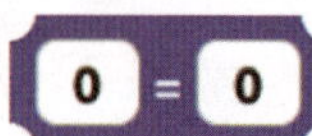

< 逻辑与数学的组合——布尔逻辑.II-3 >

与、或、取反是三种布尔逻辑判断。

编程一分钟，跟着做一做

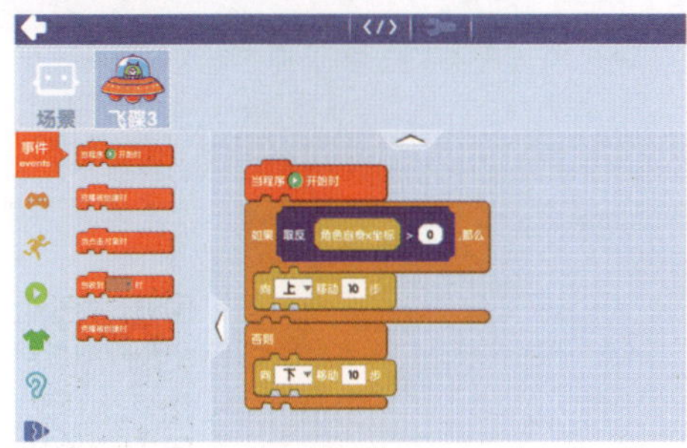

设置对象在当程序开始时，

如果对象自身的坐标x>0不成立，

则向上移动10步，

否则向下移动10步。

编程一分钟，程序原理是这样

相关指令及指令作用

面对已达成的条件取相反值

视频学习一分钟

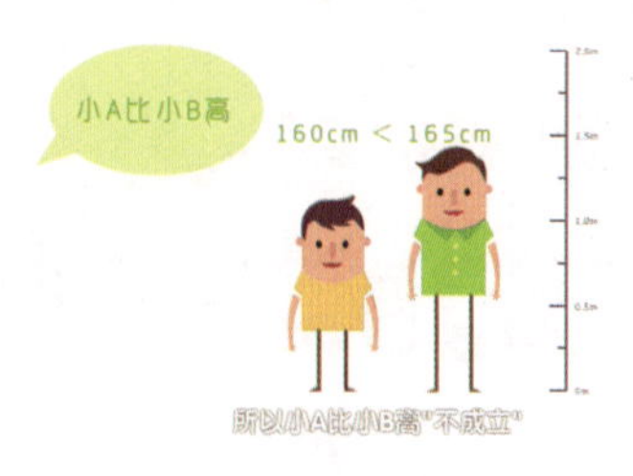

< 随机.12 >

在指定的数值范围里随机生成一个数。

编程一分钟，跟着做一做

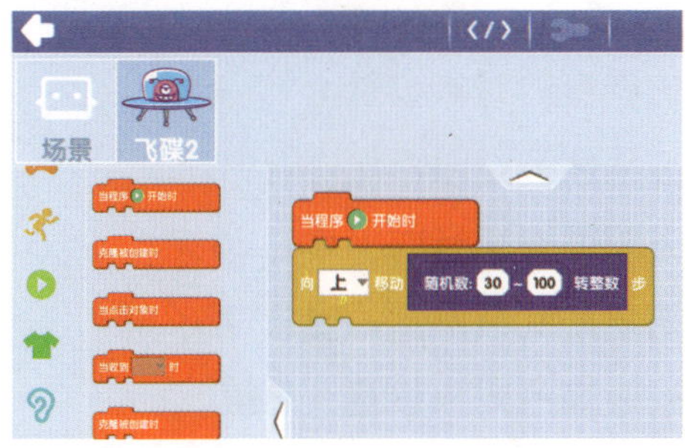

设置对象在程序开始时，

向上移动30~100内的随机步数。

编程一分钟，程序原理是这样

相关指令及指令作用

随机数: 0 ~ 0

设置在指定数值范围内随机生成一个带小数的数值

视频学习一分钟

A.吃2粒 B.吃3粒 C.吃4粒

< 物理检测.13 >

模拟对象进行现实物理运动。

设置加速度 X: 0 ,Y: 0
添加碰撞器
删除碰撞器
设置重力X: 0 ,Y: 0
碰到边缘就反弹
碰到 时

编程一分钟，跟着做一做

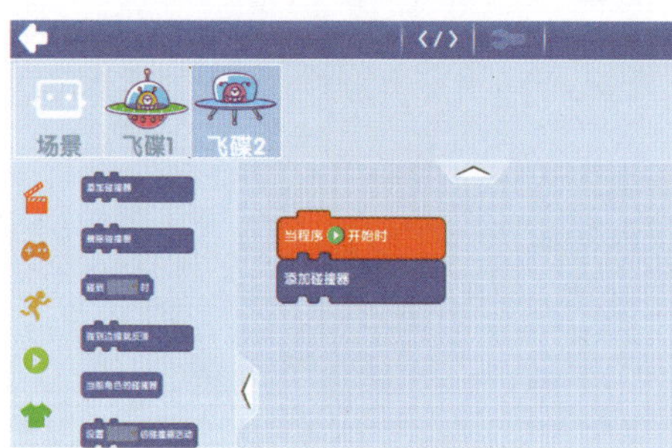
场景
飞碟1
飞碟2
当程序 开始时
添加碰撞器

新建2个对象，
被碰撞的对象设置，
在程序开始时添加碰撞器。

场景
飞碟1
飞碟2
当程序 开始时
添加碰撞器
无限循环
上
10
飞碟2
隐藏
删除碰撞器
跳出当前循环

去碰撞的对象设置，
在程序开始时添加碰撞器，
无限循环执行向上移动10步，
如果碰到被碰撞的对象，那么将
去碰撞的对象设置为隐藏，
删除碰撞器并跳出当前循环。

编程一分钟，程序原理是这样

相关指令及指令作用

为对象添加碰撞器以模拟现实中的物体在接触时产生的碰撞效果

视频学习一分钟

删除已添加碰撞器的对象的碰撞器

设置对象和被选对象进行碰撞（需要碰撞的对象必须首先添加碰撞器）

< 克隆.14 >

在场景中复制出新的角色并且控制它。

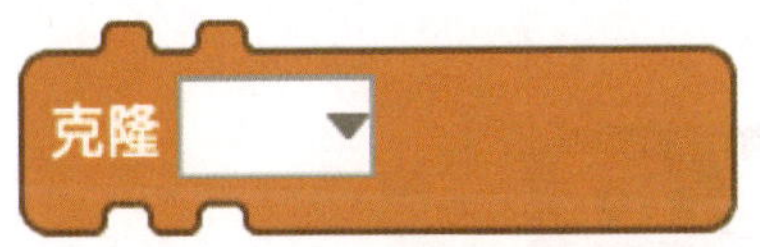

克隆被创建时

编程一分钟，跟着做一做

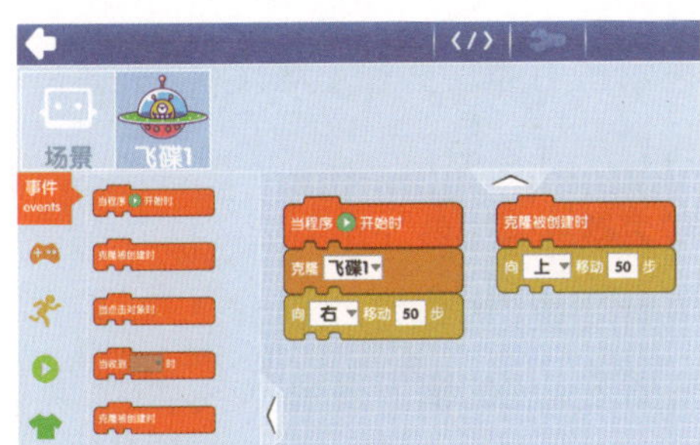

当程序开始时，克隆对象同时使对象向右移动50步，

被克隆创建的对象向上移动50步。

编程一分钟，程序原理是这样

相关指令及指令作用

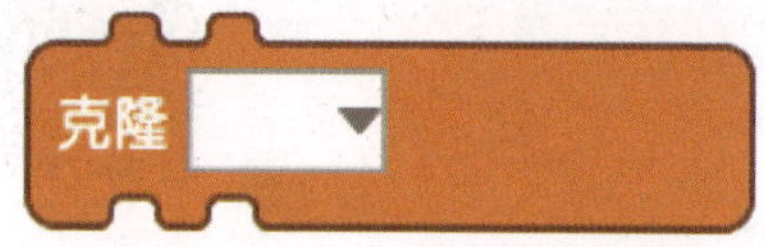

可以理解成复制的意思，复制一个指定角色的分身（复制品）放在角色当前的位置

设置对象被克隆后，
克隆对象将会执行的指令

视频学习一分钟

合格
装箱机器人就是克隆生成时的指令

< 字符串.15 >

添加、改变字符或取得字符的信息。

编程一分钟，跟着做一做

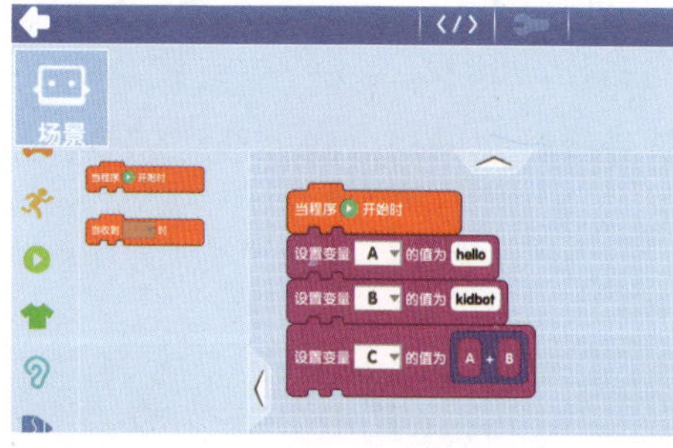

在场景中添加变量A、B、C，
当程序开始时，
设置变量A的值为hello，
设置变量B的值为kidbot，
设置变量C的值为变量A+B，
这样显示出来的结果就是hellokidbot。

编程一分钟,程序原理是这样

相关指令及指令作用

0 + 0

对加号两边的内容进行相加，适合用在字符串上

视频学习一分钟

老师
教师节
快乐
三块牌子相互靠近就变成了"老师教师节快乐"

第10章

火种图形化编程项目式学习流程

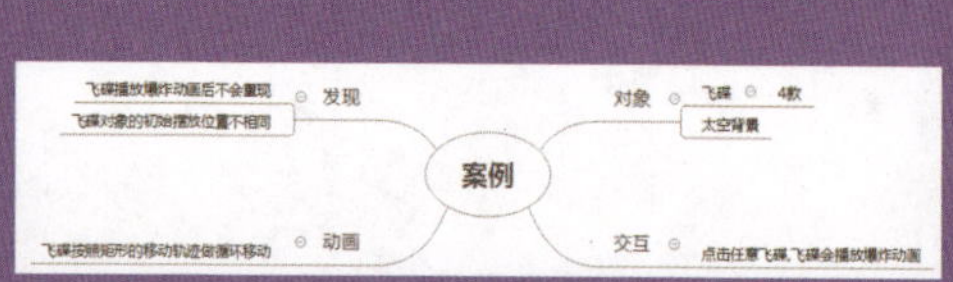
案例
发现
飞碟播放爆炸动画后不会重现
飞碟对象的初始摆放位置不相同
对象
飞碟
4款
太空背景
动画
飞碟按照矩形的移动轨迹做循环移动
交互
点击任意飞碟,飞碟会播放爆炸动画

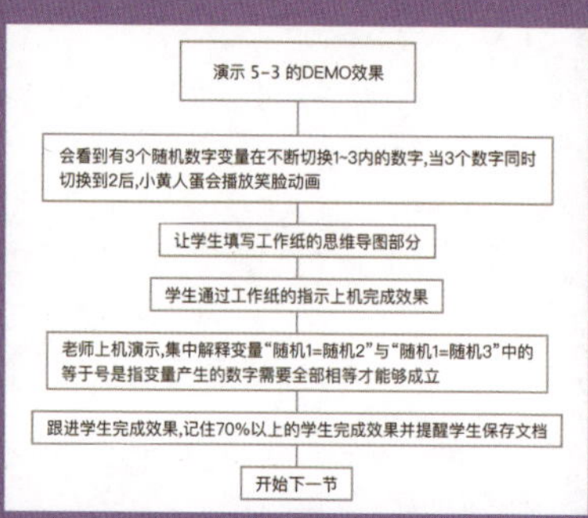
演示 5-3 的DEMO效果
会看到有3个随机数字变量在不断切换1~3内的数字,当3个数字同时切换到2后,小黄人蛋会播放笑脸动画
让学生填写工作纸的思维导图部分
学生通过工作纸的指示上机完成效果
老师上机演示,集中解释变量"随机1=随机2"与"随机1=随机3"中的等于号是指变量产生的数字需要全部相等才能够成立
跟进学生完成效果,记住70%以上的学生完成效果并提醒学生保存文档
开始下一节

【 主

项目01

程序指令

总教学时长：110分钟

160 页

在屏幕中有一群飞碟,它们在不停地移动,当用手点击场景时,如果点中飞碟,飞碟就会消失。

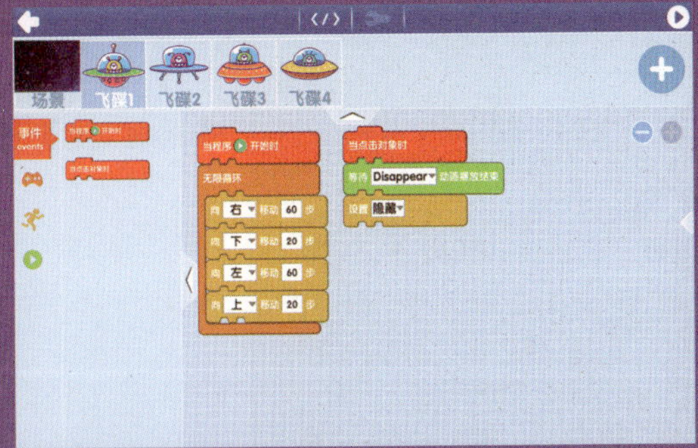

题 】

项目02

随 机

总教学时长：200分钟

194 页

模拟水果机游戏,当3个数字相同时,点击按钮,小黄人蛋就会笑起来,否则哭。

项目 01
程序指令
总教学时长：110分钟

简介

在屏幕中有一群飞碟，它们在不停地移动，当用手点击场景时，如果点中飞碟，飞碟就会消失。

每个小节的教学时长

1-1	移动	10 分钟
1-2	移动 + 方向	15 分钟
1-3	多角色方向移动	15 分钟
1-4	无限循环	15 分钟
2-1	点击 + 动画	10 分钟
2-2	点击 + 动画 + 结束	10 分钟
2-3	点击 + 移动动画 + 结束	15 分钟
3-1	完整案例	20 分钟

学生工作纸下载地址(请在PC端下载)

在清华大学出版社官方网站中搜索本书书名后单击“资源下载”按钮。

1-1 移动

10 分钟

思维导图

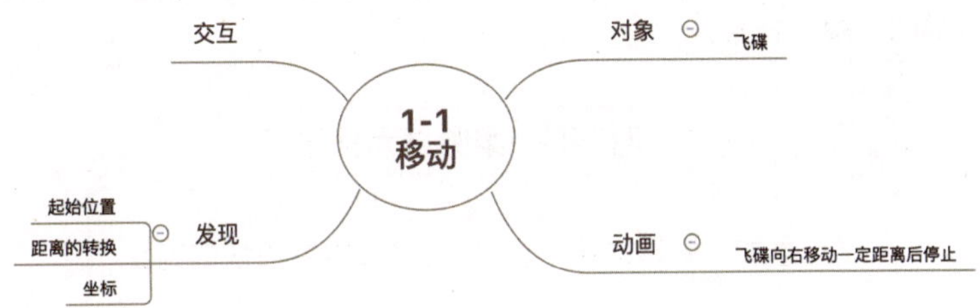

实践效果

使角色向右移动一段距离。　　教学步骤1~4

首次开课注意点

绝大部分学生都是首次接触编程,需要有学习的过渡时间,因此第1节课比平时设置得要长,也不用太担心学生学不学得会、懂不懂之类的问题,记住这是学生第1次接触编程,是一个学习的过程,不要纠结太多。

备课流程

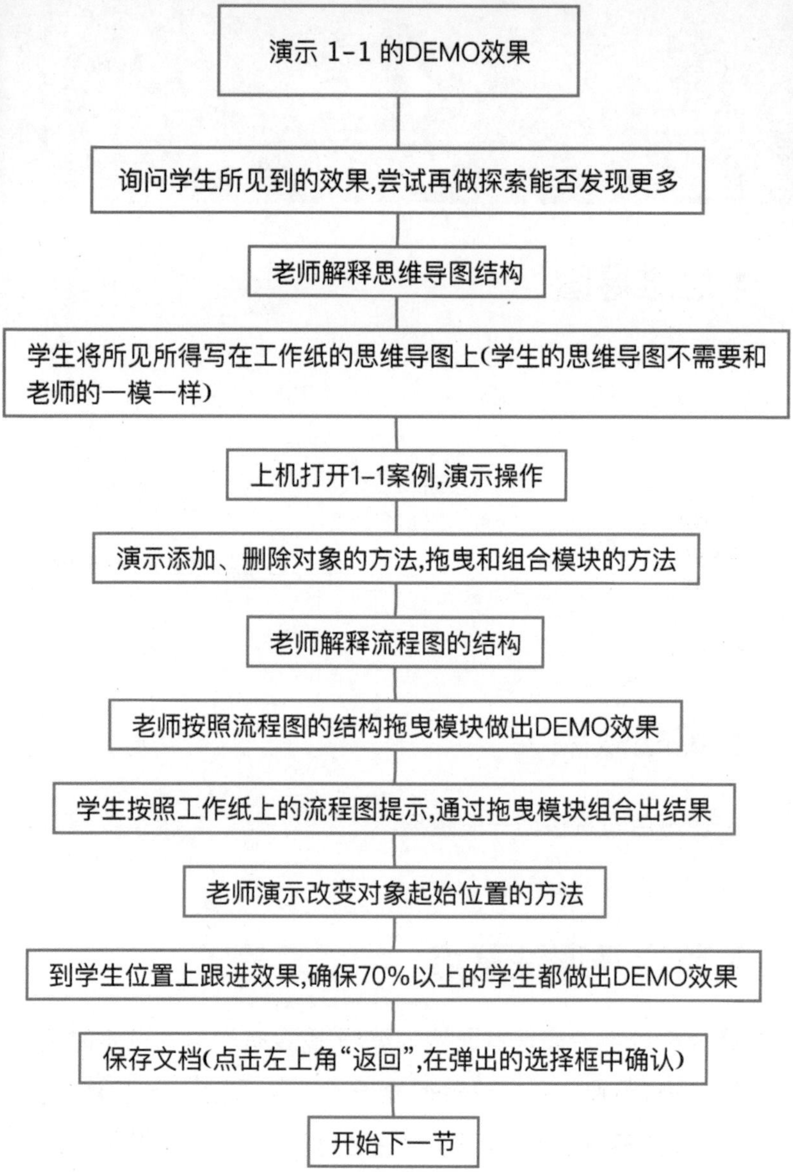

演示 1-1 的DEMO效果

↓

询问学生所见到的效果,尝试再做探索能否发现更多

↓

老师解释思维导图结构

↓

学生将所见所得写在工作纸的思维导图上(学生的思维导图不需要和老师的一模一样)

↓

上机打开1–1案例,演示操作

↓

演示添加、删除对象的方法,拖曳和组合模块的方法

↓

老师解释流程图的结构

↓

老师按照流程图的结构拖曳模块做出DEMO效果

↓

学生按照工作纸上的流程图提示,通过拖曳模块组合出结果

↓

老师演示改变对象起始位置的方法

↓

到学生位置上跟进效果,确保70%以上的学生都做出DEMO效果

↓

保存文档(点击左上角“返回”,在弹出的选择框中确认)

↓

开始下一节

教学步骤

01 单击1-1。

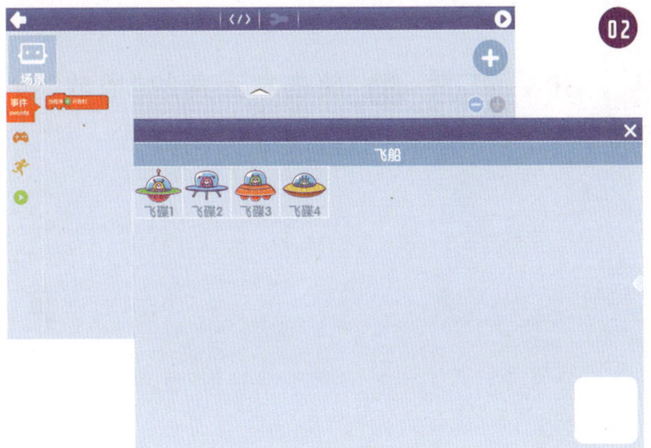

02 单击右上方的“+”按钮，选择并添加对象。

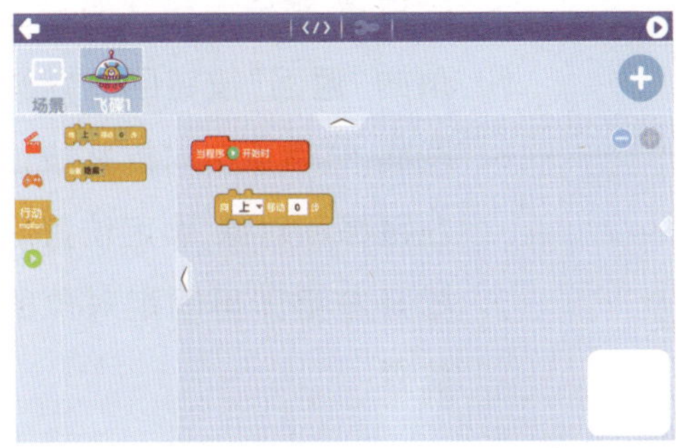

03 添加对象后将鼠标移动到左方选择“事件”菜单中的“当程序开始时”模块，以及“行动”菜单中的“向x方向移动x步”模块并拖曳到右方的代码栏中。

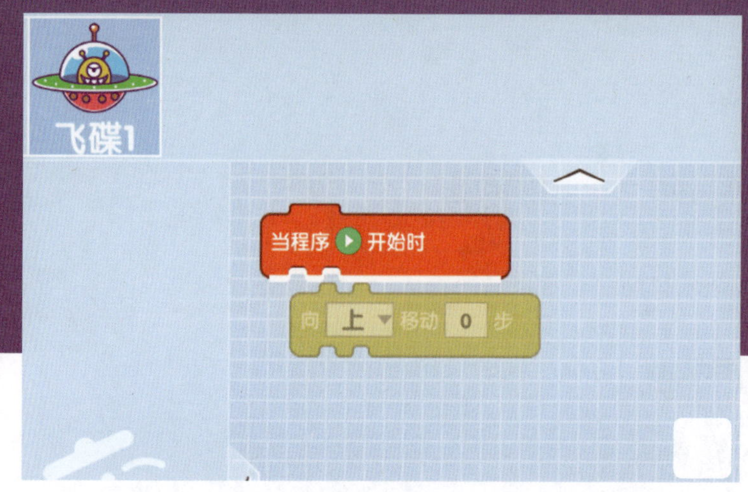

04 按住鼠标左键拖曳模块,放到第一个模块的下方,当见到白色线条的时候,就代表2个模块可以合并在一起了(注意模块只能从下方往上套,不能从上方往下套)。

05 单击右上角的“播放”按钮,测试方向。

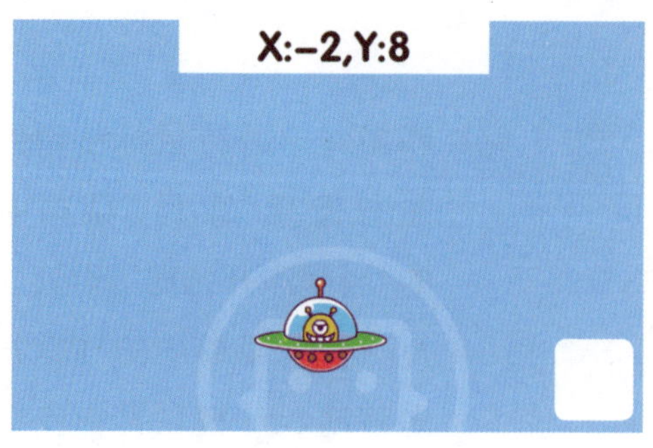

06 如果要改变飞船对象的起始位置,需要单击飞船左上角的“返回”按钮回到场景画面,然后点击对象并按住左键移动对象,确定位置后松开左键即可固定对象的位置。

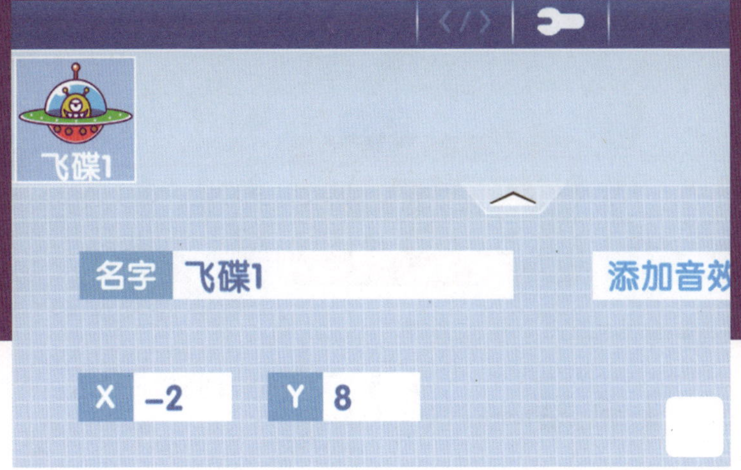

07 另一种方法是在编辑代码的时候单击顶部的“把手”按钮,然后通过输入数字设置坐标。

课堂提问

01 如何设置飞碟起始的摆放位置?

02 哪个模块指令可以控制飞碟移动?

03 飞碟移动多少距离后才停止?

04 对象走多少步等于走一个格子?

常见问题

01 模块没有合并在一起,分散摆放。

02 忘记添加对象导致没有移动模块可以选择。

代码解释

飞碟1

当程序 开始时
向 右 移动 60 步

当程序开始时,使对象向右移动60步

总结

看DEMO的时候可以看到坐标图,但是坐标图在自己学习的页面中不会显示。

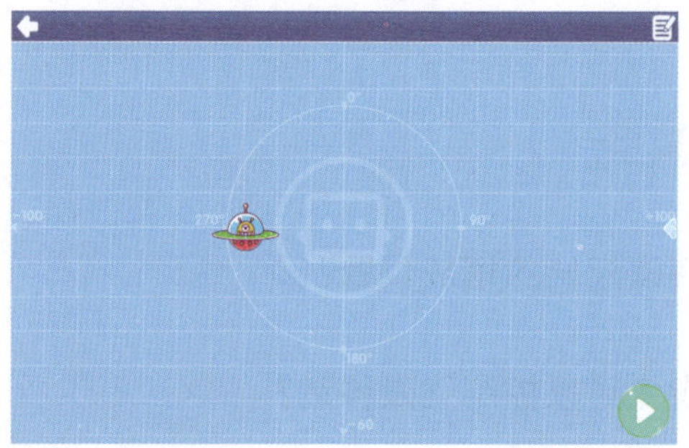

在DEMO页面中,可以清晰地看到坐标图,记住坐标数字的口诀是:
“左负右正,上正下负”

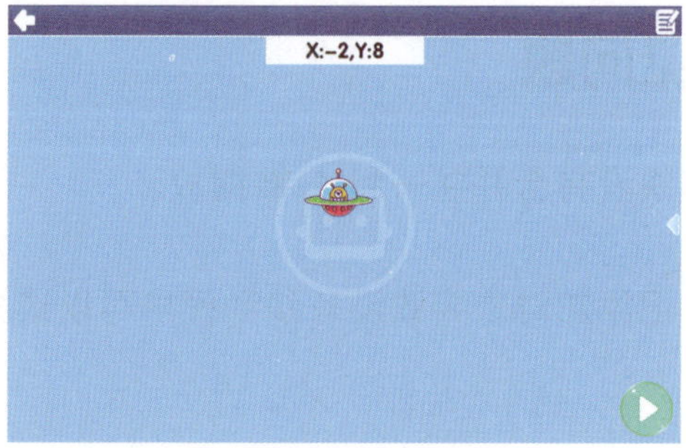
X:-2,Y:8

坐标位置透过移动对象改变

关于移动的步数设置(1)

1个格子的距离就是对象移动10步的距离,也就是对象每移动10步会使坐标数值改变10。

关于移动的步数设置(2)

除了通过手动拖曳对象改变对象的坐标位置以外,也可以通过单击角色顶部的“把手”按钮,改变X和Y的数值。

快速删除对象小技巧

按住对象数秒,弹出对话框,确定后即可删除对象。

1-2 移动 + 方向

15 分钟

思维导图

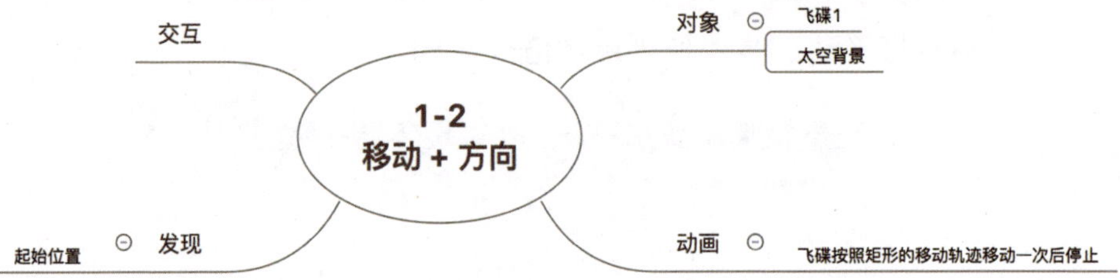

实践效果

飞碟按照矩形的移动轨迹移动一次后停止。　　教学步骤1~4

备课流程

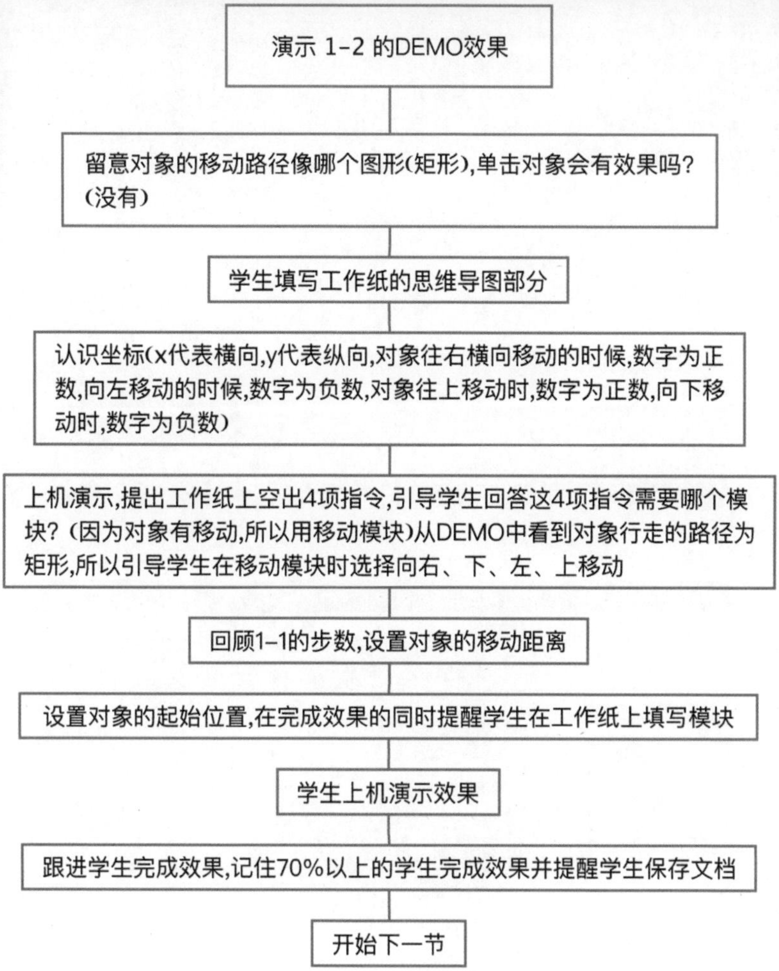

演示 1-2 的DEMO效果

留意对象的移动路径像哪个图形(矩形),单击对象会有效果吗?(没有)

学生填写工作纸的思维导图部分

认识坐标(x代表横向,y代表纵向,对象往右横向移动的时候,数字为正数,向左移动的时候,数字为负数,对象往上移动时,数字为正数,向下移动时,数字为负数)

上机演示,提出工作纸上空出4项指令,引导学生回答这4项指令需要哪个模块?(因为对象有移动,所以用移动模块)从DEMO中看到对象行走的路径为矩形,所以引导学生在移动模块时选择向右、下、左、上移动

回顾1-1的步数,设置对象的移动距离

设置对象的起始位置,在完成效果的同时提醒学生在工作纸上填写模块

学生上机演示效果

跟进学生完成效果,记住70%以上的学生完成效果并提醒学生保存文档

开始下一节

教学步骤

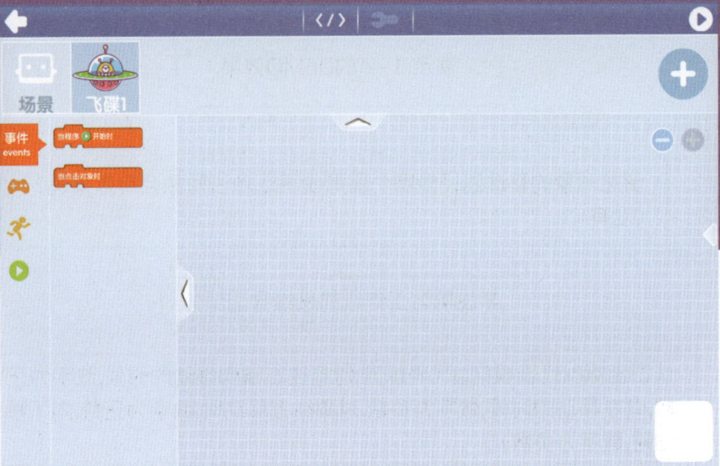

场景
飞碟1
事件
events
当程序 开始时
当点击对象时

01 单击1-2,单击右上方的“+”按钮,选择并添加对象。

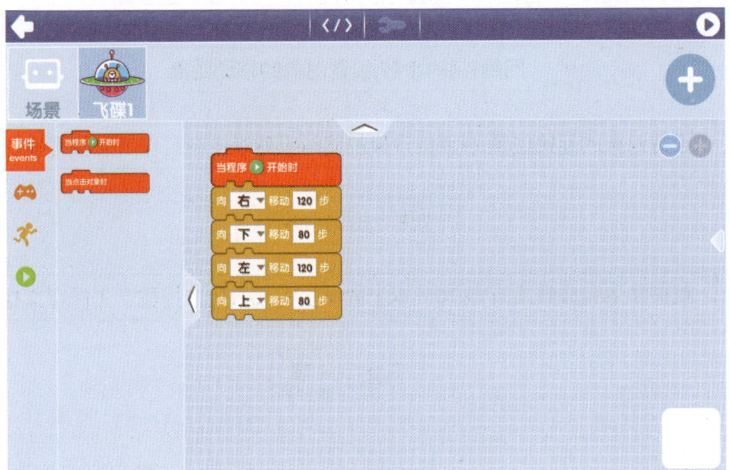

场景
飞碟1
事件
events
当程序 开始时
当点击对象时
当程序 开始时
向 右 移动 120 步
向 下 移动 80 步
向 左 移动 120 步
向 上 移动 80 步

02 添加对象后将鼠标移动到左方选择“事件”菜单中的“当程序开始时”模块,以及4个“行动”菜单中的“向x方向移动x步”模块并拖曳到右方的代码栏中。

03 将4个移动模块与“当程序开始时”模块组合在一起。

04 设置移动模块的方向和步数为(右120、下80、左120、上80)。

05 单击右上角的“播放”按钮,测试方向。

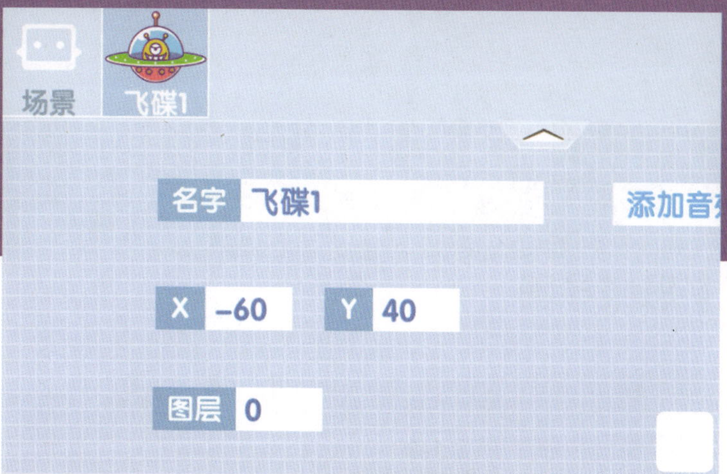
场景
飞碟1
名字 飞碟1
添加音
X -60
Y 40
图层 0

06 单击右下角的“停止”按钮，单击对象并按住左键移动对象到(-60,40) 完成DEMO效果。

课堂提问

01 矩形移动轨迹是通过怎样的方向组合的？

02 怎样设置模块的组合方法？

03 是否有一步完成的方法？

代码解释

飞碟1

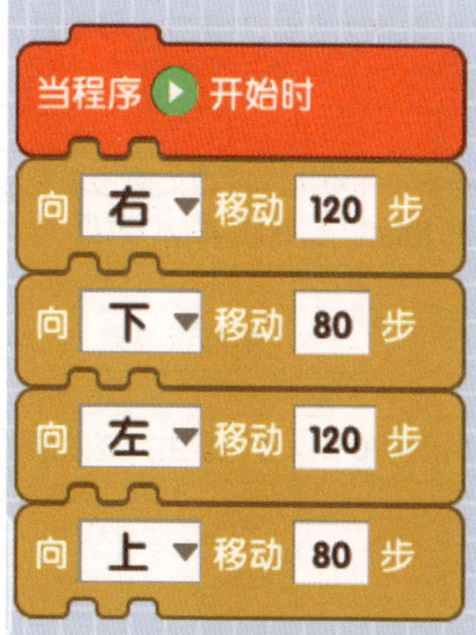
当程序 开始时
向 右 移动 120 步
向 下 移动 80 步
向 左 移动 120 步
向 上 移动 80 步

当程序开始时，
使对象向右移动120步，
使对象向下移动80步，
使对象向左移动120步，
使对象向上移动80步。

1-3 多角色方向移动

15 分钟

思维导图

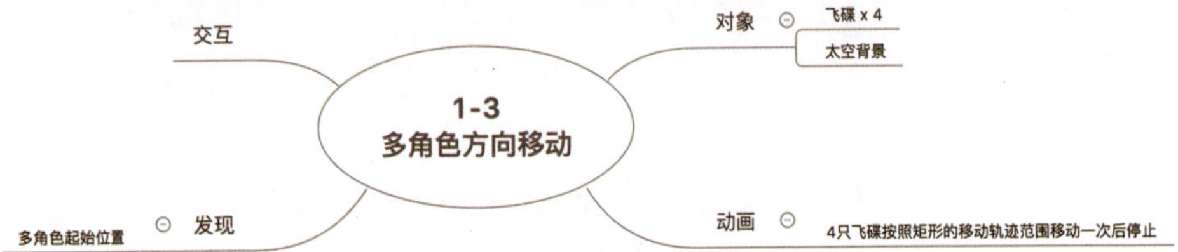
1-3
多角色方向移动
交互
对象
飞碟 x 4
太空背景
发现
多角色起始位置
动画
4只飞碟按照矩形的移动轨迹范围移动一次后停止

备课流程

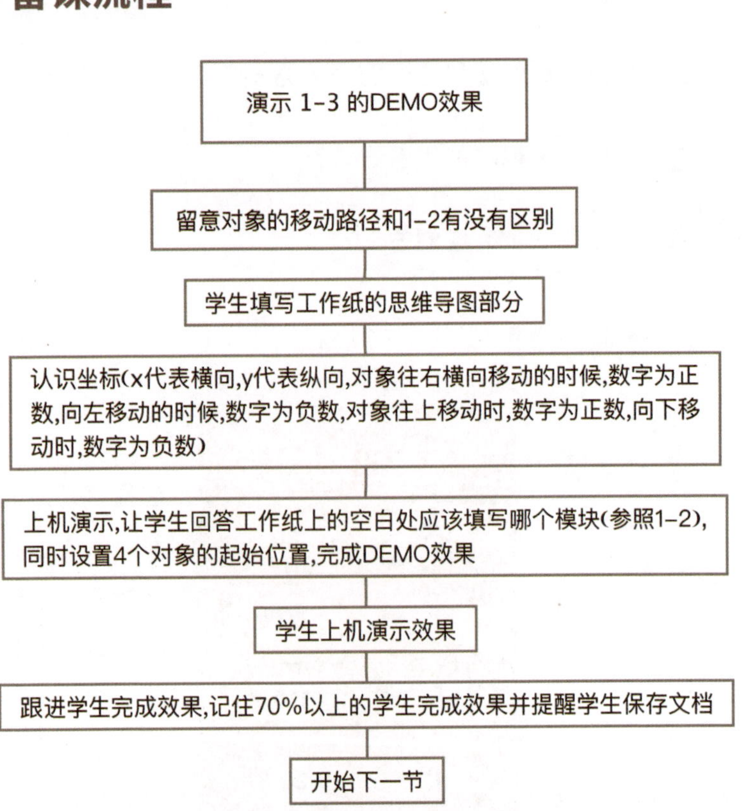
演示 1-3 的DEMO效果
留意对象的移动路径和1-2有没有区别
学生填写工作纸的思维导图部分
认识坐标(x代表横向,y代表纵向,对象往右横向移动的时候,数字为正数,向左移动的时候,数字为负数,对象往上移动时,数字为正数,向下移动时,数字为负数)
上机演示,让学生回答工作纸上的空白处应该填写哪个模块(参照1-2),同时设置4个对象的起始位置,完成DEMO效果
学生上机演示效果
跟进学生完成效果,记住70%以上的学生完成效果并提醒学生保存文档
开始下一节

实践效果

4只飞碟按照矩形的移动轨迹范围移动一次后停止。 教学步骤1~4

教学步骤

场景
飞碟1
飞碟2
飞碟3
飞碟4
事件
events

01 单击1-3,单击右上方"+"按钮,选择并添加4个对象。

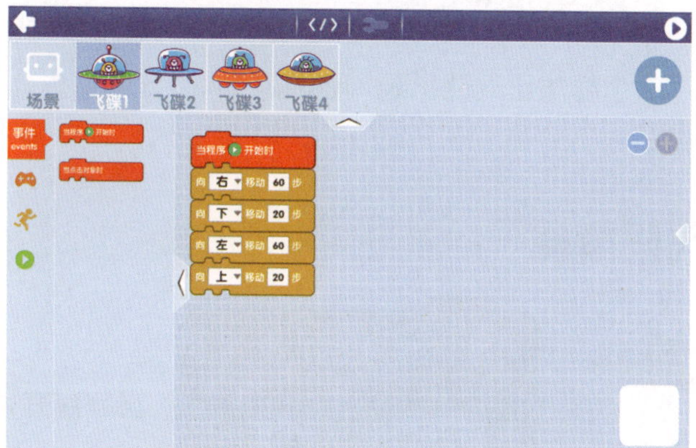

场景
飞碟1
飞碟2
飞碟3
飞碟4
事件
events
当程序 开始时
向 右 移动 60 步
向 下 移动 20 步
向 左 移动 60 步
向 上 移动 20 步

02 添加对象后将鼠标移动到左方选择"事件"菜单中的"当程序开始时"模块,以及4个"行动"菜单中的"向x方向移动x步"模块并拖曳右方的代码栏中。

03 将4个移动模块与"当程序开始时"模块组合在一起。

04 设置4个移动模块的方向和步数分别为(右120、下80、左120、上80) 、(右100、下60、左100、上60) 、(右80、下40、左80、上40)、(右60、下20、左60、上20)

05 单击右上角的"播放"按钮,测试方向。

场景
飞碟1
飞碟2
飞碟3
飞碟4
名字
飞碟1
X
-30
Y
10

06 单击右下角的“停止”按钮，点击对象并按住左键移动对象到(-60,40)、(-50,30)、(-40,20)、(-30,10)，完成DEMO效果。

课堂提问

怎样防止飞碟出现“假碰撞”？

代码解释

飞碟1

当程序 开始时
向 右 移动 60 步
向 下 移动 20 步
向 左 移动 60 步
向 上 移动 20 步

当程序开始时，
使对象向右移动60步，
使对象向下移动20步，
使对象向左移动60步，
使对象向上移动20步。

当程序开始时，
使对象向右移动80步，
使对象向下移动40步，
使对象向左移动80步，
使对象向上移动40步。

当程序开始时，
使对象向右移动100步，
使对象向下移动60步，
使对象向左移动100步，
使对象向上移动60步。

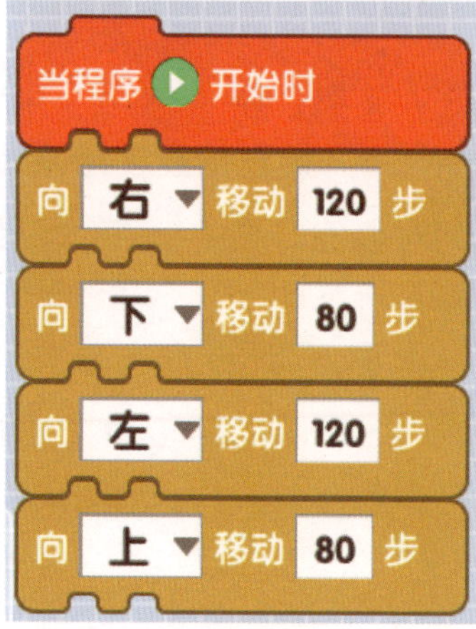

当程序开始时，
使对象向右移动120步，
使对象向下移动80步，
使对象向左移动120步，
使对象向上移动80步。

总结

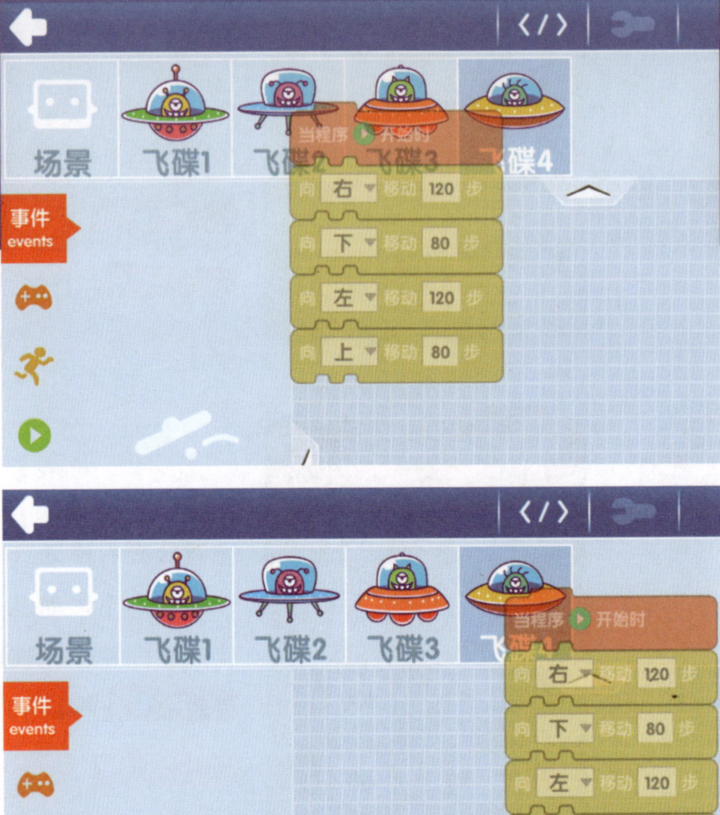

场景
飞碟1
飞碟2
飞碟3
飞碟4
事件
events
当程序 开始时
向 右 移动 120 步
向 下 移动 80 步
向 左 移动 120 步
向 上 移动 80 步

关于代码的复制,从演示1-3开始就需要使用,复制的时候要注意将指令代码拖曳到对象的方框中,不能太过偏离位置。

1-4 无限循环

15 分钟

思维导图

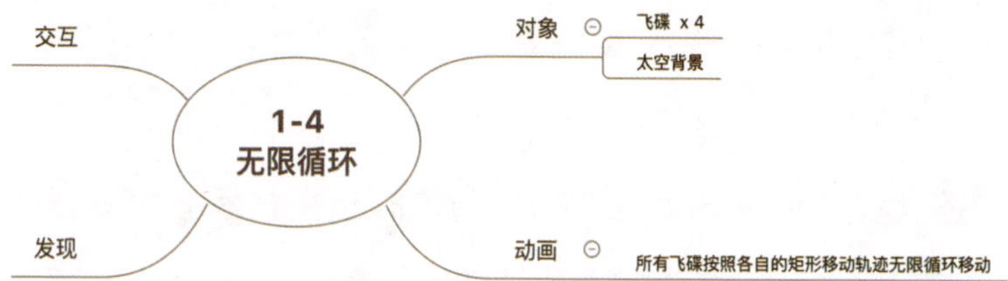
1-4
无限循环
交互
发现
对象
飞碟 x 4
太空背景
动画
所有飞碟按照各自的矩形移动轨迹无限循环移动

实践效果

所有飞碟按照各自的矩形移动轨迹无限循环移动。　　教学步骤1~6

备课流程

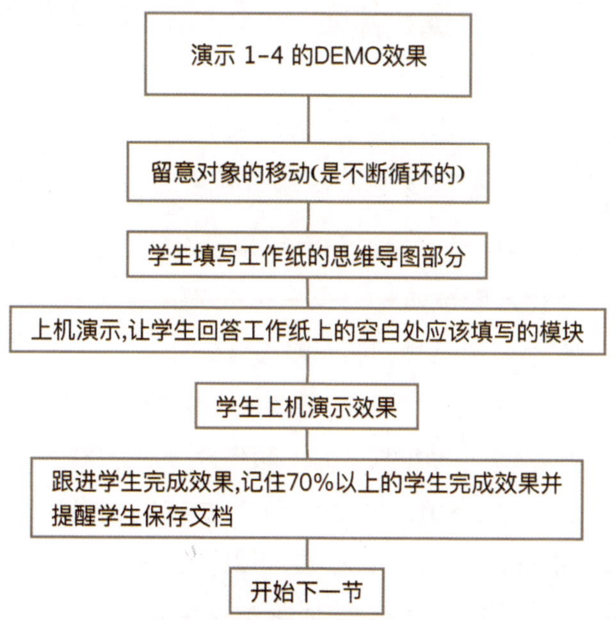
演示 1-4 的DEMO效果
留意对象的移动(是不断循环的)
学生填写工作纸的思维导图部分
上机演示,让学生回答工作纸上的空白处应该填写的模块
学生上机演示效果
跟进学生完成效果,记住70%以上的学生完成效果并提醒学生保存文档
开始下一节

教学步骤

场景
飞碟1
飞碟2
飞碟3
飞碟4
事件
events
当程序开始时
当点击对象时

01 单击1-4，单击右上方的“+”按钮，选择并添加4个对象。

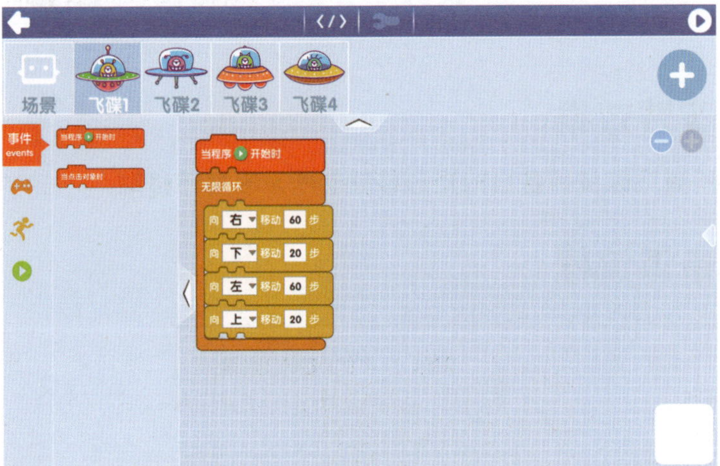
场景
飞碟1
飞碟2
飞碟3
飞碟4
事件
当程序 开始时
无限循环
向 右 移动 60 步
向 下 移动 20 步
向 左 移动 60 步
向 上 移动 20 步

02 添加对象后将鼠标移动到左方选择“事件”菜单中的“当程序开始时”模块，以及4个“行动”菜单中的“向x方向移动x步”模块和“控制”菜单中的“无限循环”模块并拖曳到右方的代码栏中。

03 将4个移动模块与“当程序开始时”模块组合在一起。

04 设置4个移动模块的方向和步数分别为(右120、下80、左120、上80)、(右100、下60、左100、上60)、(右80、下40、左80、上40) 、(右60、下20、左60、上20)。

05 单击右上角的“播放”按钮，测试方向。

场景
飞碟1
飞碟2
飞碟3
飞碟4
名字 飞碟1
X -30
Y 10

06 单击右下角的“停止”按钮，点击对象并按住左键移动对象到(60,40)、(-50,30)、(-40,20)、(-30,10)，完成DEMO效果。

课堂提问

哪种模块可以产生无限循环的效果？

代码解释

飞碟1

当程序 开始时
无限循环
向 右 移动 60 步
向 下 移动 20 步
向 左 移动 60 步
向 上 移动 20 步

当程序开始时，无限循环，
使对象向右移动60步，
使对象向下移动20步，
使对象向左移动60步，
使对象向上移动20步。

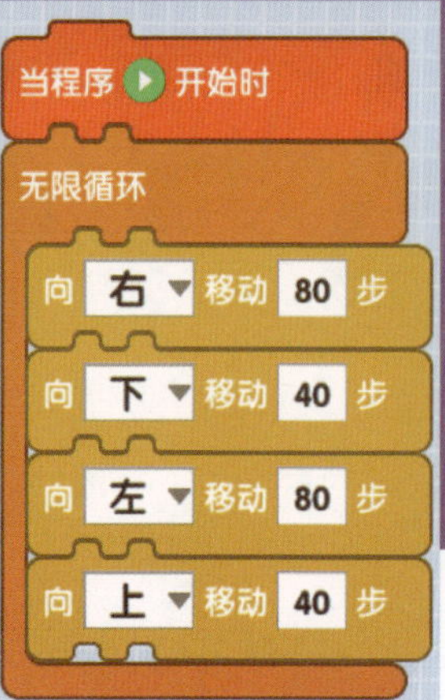

当程序开始时,无限循环,
使对象向右移动80步,
使对象向下移动40步,
使对象向左移动80步,
使对象向上移动40步。

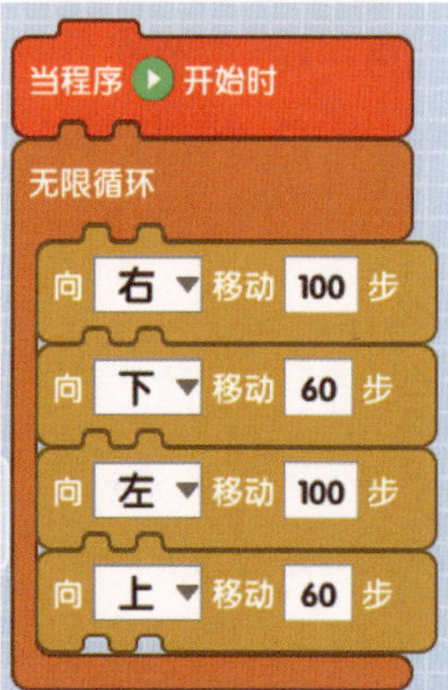

当程序开始时,无限循环,
使对象向右移动100步,
使对象向下移动60步,
使对象向左移动100步,
使对象向上移动60步。

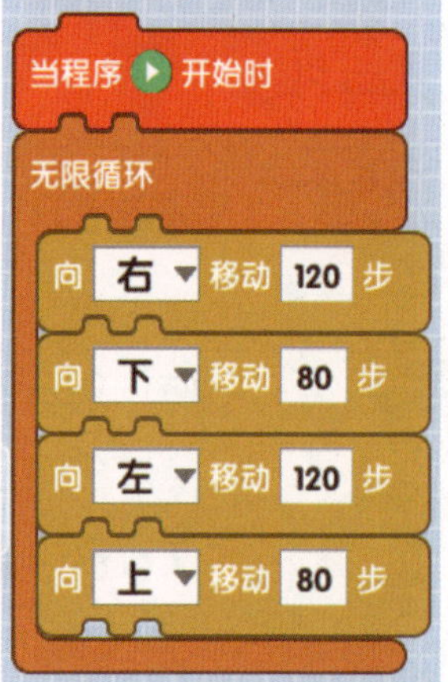

当程序开始时,无限循环,
使对象向右移动120步,
使对象向下移动80步,
使对象向左移动120步,
使对象向上移动80步。

2-1 点击 + 动画

10 分钟

思维导图

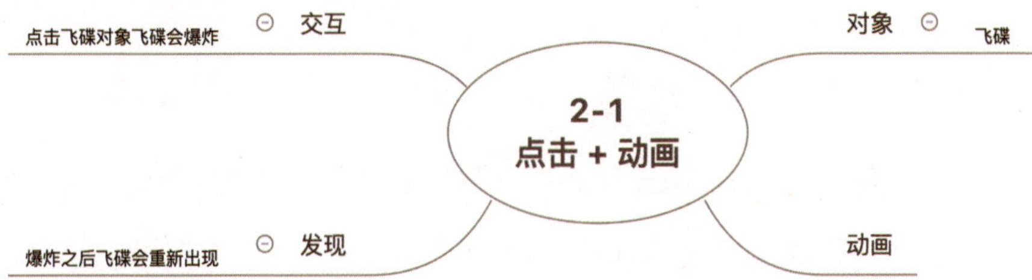
点击飞碟对象飞碟会爆炸
交互
对象
飞碟
2-1
点击 + 动画
爆炸之后飞碟会重新出现
发现
动画

实践效果

点击飞碟对象飞碟会爆炸。 教学步骤1~4

备课流程

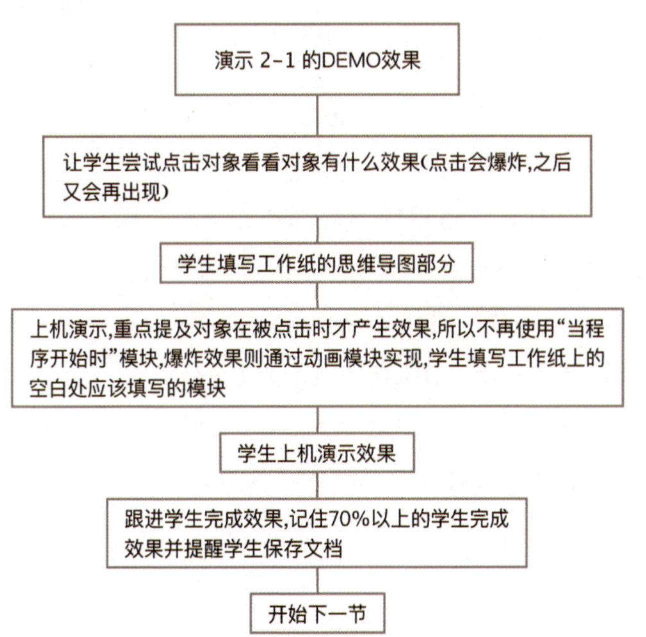
演示 2-1 的DEMO效果
让学生尝试点击对象看看对象有什么效果(点击会爆炸,之后又会再出现)
学生填写工作纸的思维导图部分
上机演示,重点提及对象在被点击时才产生效果,所以不再使用“当程序开始时”模块,爆炸效果则通过动画模块实现,学生填写工作纸上的空白处应该填写的模块
学生上机演示效果
跟进学生完成效果,记住70%以上的学生完成效果并提醒学生保存文档
开始下一节

教学步骤

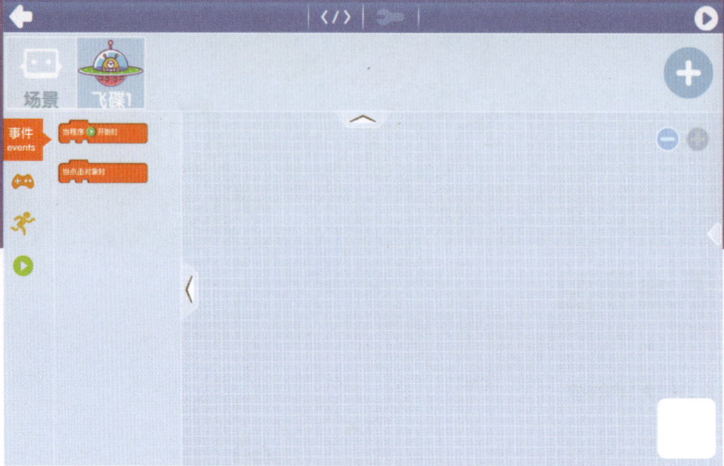

01 单击2-1，单击右上方“+”按钮，选择并添加对象。

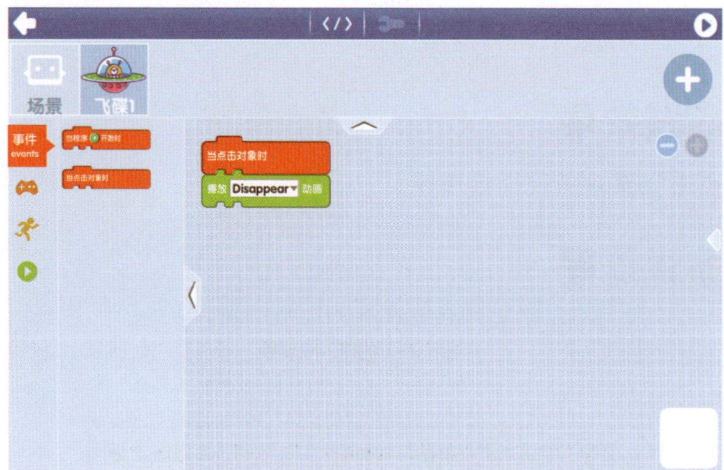

02 添加对象后将鼠标移动到左方选择“事件”菜单中的“当点击对象时”模块，以及“动画”菜单中的“播放动画”模块并拖曳到右方的代码栏中。

03 设置对象播放Disappear(消失)效果。

04 单击右上角的“播放”按钮，点击对象会看到对象在产生爆炸动画效果后消失在场景中。

05 保存文档。

课堂提问

01 哪个模块指令可以让对象在被点击后产生反应?

02 飞碟之所以会爆炸是因为哪个模块在起作用?

03 为什么飞碟在爆炸之后又会重新出现?

出现问题

忘记使用“当点击对象时”模块。

代码解释

当点击对象时，播放 Disappear(消失)效果。

2-2 点击 + 动画 + 结束

15 分钟

思维导图

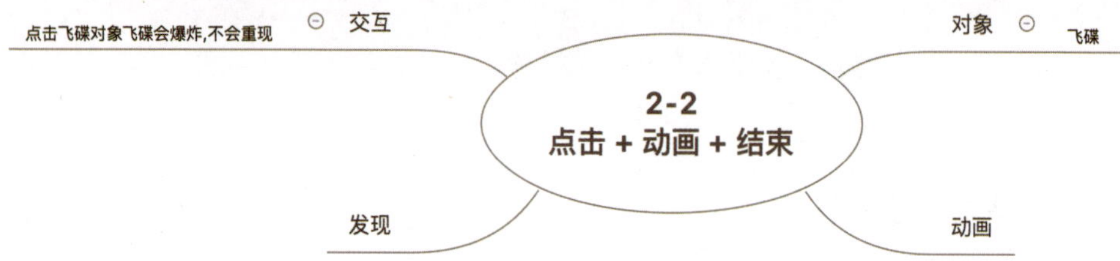
2-2
点击 + 动画 + 结束
交互
点击飞碟对象飞碟会爆炸,不会重现
对象
飞碟
发现
动画

实践效果

点击飞碟对象飞碟会爆炸,不会重现。 教学步骤1~2

备课流程

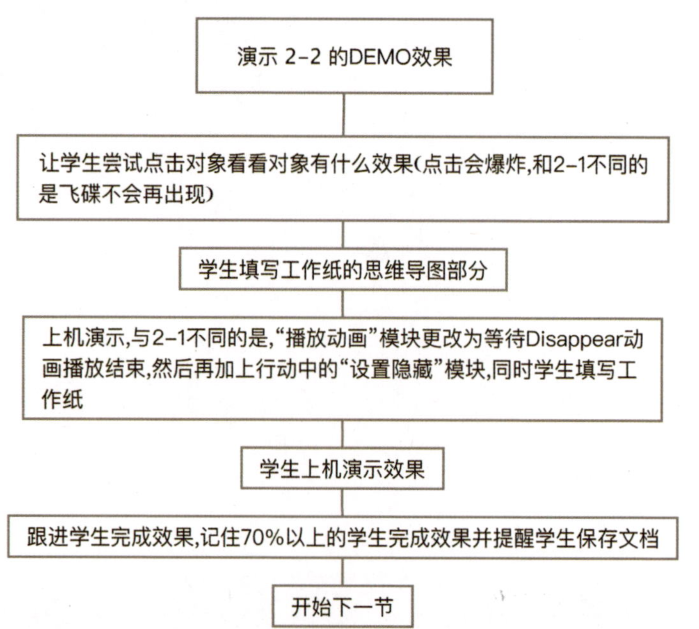
演示 2-2 的DEMO效果
让学生尝试点击对象看看对象有什么效果(点击会爆炸,和2-1不同的是飞碟不会再出现)
学生填写工作纸的思维导图部分
上机演示,与2-1不同的是,"播放动画"模块更改为等待Disappear动画播放结束,然后再加上行动中的"设置隐藏"模块,同时学生填写工作纸
学生上机演示效果
跟进学生完成效果,记住70%以上的学生完成效果并提醒学生保存文档
开始下一节

教学步骤

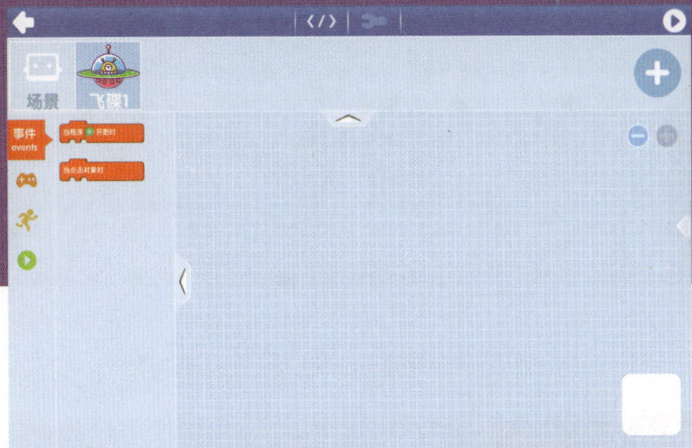

01 单击2-2,单击右上方的“+”按钮,选择并添加对象。

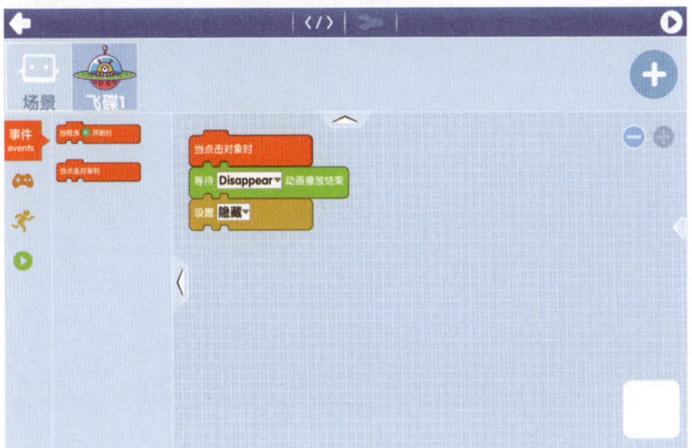

02 添加对象后将鼠标移动到左方选择“事件”菜单中的“当点击对象时”模块,以及“动画”菜单中的“等待动画播放结束”模块并拖曳到右方的代码栏中,设置“行动”菜单中的“设置隐藏”。

03 单击右上角的“播放”按钮,点击对象会看到对象在产生爆炸动画效果后消失在场景中。

04 保存文档。

课堂提问

哪个模块指令可以让对象播放动画后停止播放动画？

出现问题

忘记使用“当点击对象时”模块。

代码解释

飞碟1

当点击对象时
等待 Disappear 动画播放结束
设置 隐藏

当点击对象时，播放Disappear(消失)效果，并且在场景中隐藏对象。

2-3 点击 + 移动动画 + 结束

15 分钟

思维导图

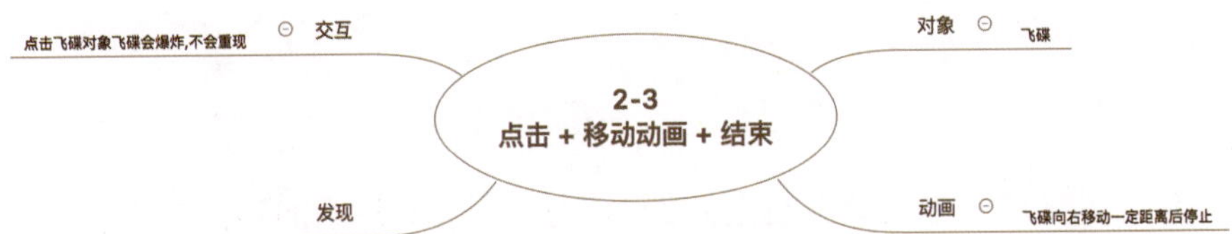
2-3
点击 + 移动动画 + 结束
交互
点击飞碟对象飞碟会爆炸,不会重现
对象
飞碟
动画
飞碟向右移动一定距离后停止
发现

实践效果

01 飞碟向右移动一定距离后停止。 教学步骤1~2

02 点击飞碟对象飞碟会爆炸,不会重现。 教学步骤3

备课流程

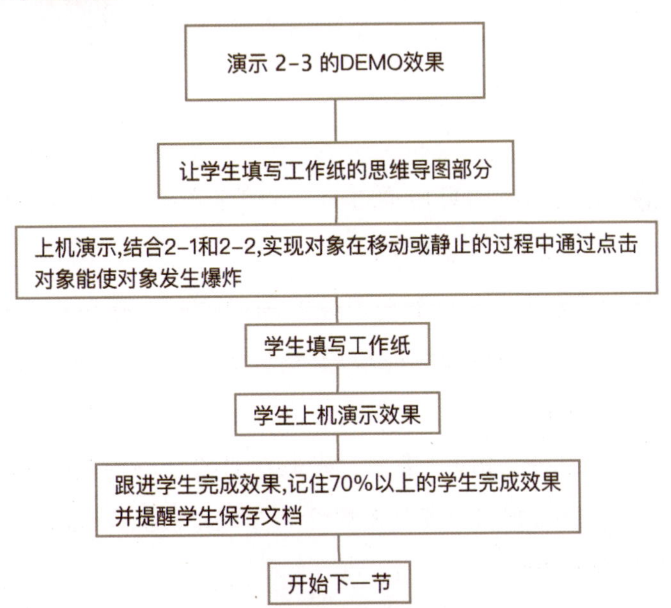
演示 2-3 的DEMO效果
让学生填写工作纸的思维导图部分
上机演示,结合2-1和2-2,实现对象在移动或静止的过程中通过点击对象能使对象发生爆炸
学生填写工作纸
学生上机演示效果
跟进学生完成效果,记住70%以上的学生完成效果并提醒学生保存文档
开始下一节

教学步骤

场景
飞碟1
事件
events

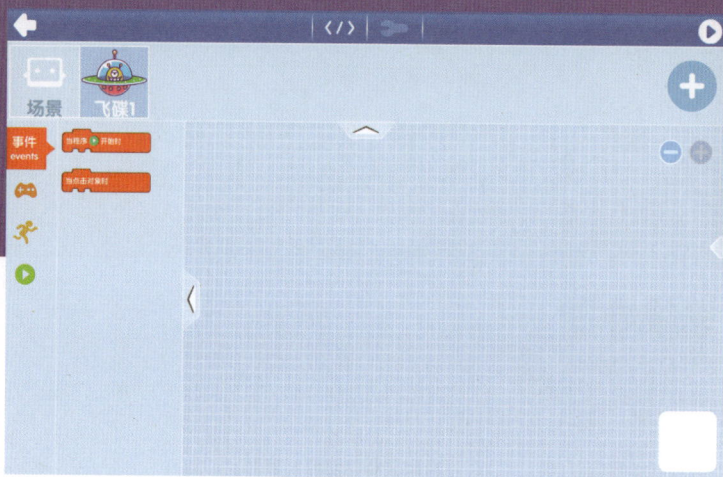

01 单击2-3，单击右上方的“+”按钮，选择并添加对象。

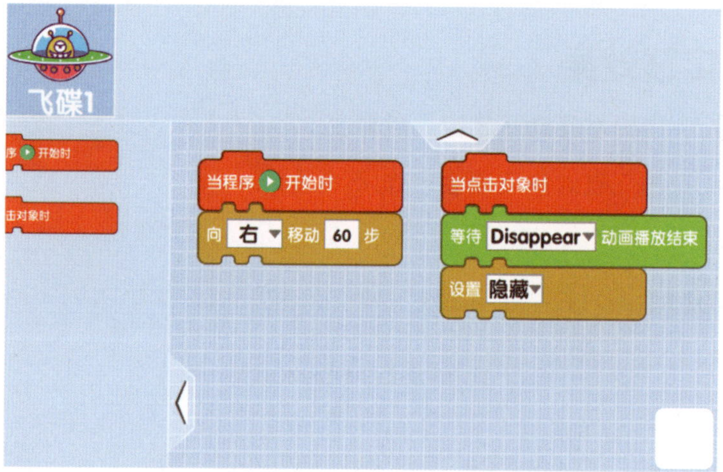

飞碟1
当程序 开始时
向 右 移动 60 步
当点击对象时
等待 Disappear 动画播放结束
设置 隐藏

02 角色的移动直接通过将“当程序开始时”模块与移动模块组合一起实现。

03 角色的点击效果则通过在相同的对象代码栏中拖入“当点击对象时”模块，并与动画和“设置隐藏”模块结合实现。

04 单击右上角的“播放”按钮，在对象移动的同时点击对象会看到对象在产生爆炸动画效果后消失在场景中。

05 保存文档。

课堂提问

留意飞碟在一开始运行时就会移动。

出现问题

忘记使用“当点击对象时”模块。

代码解释

飞碟1

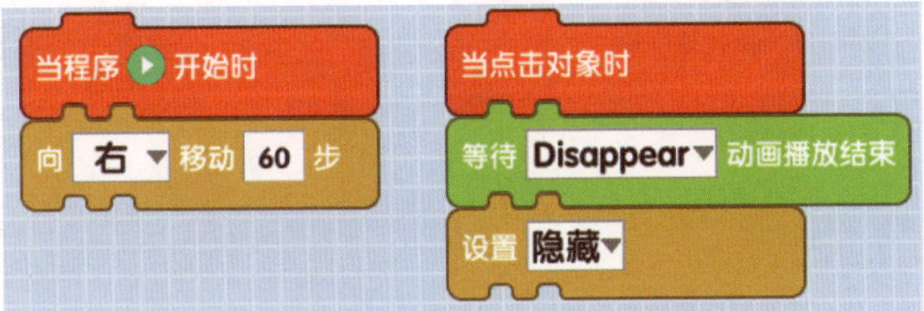
当程序 开始时
向 右 移动 60 步
当点击对象时
等待 Disappear 动画播放结束
设置 隐藏

当程序开始时，对象向右移动60步。

当点击对象时，播放“消失”动画，动画播放结束后隐藏在场景中。

3-1 完整案例

20 分钟

思维导图

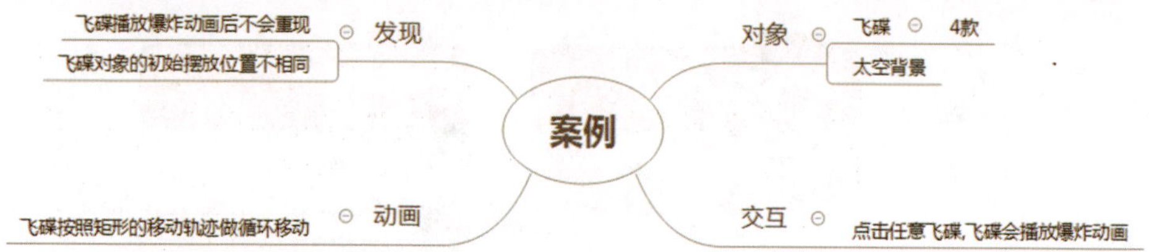

案例
发现
飞碟播放爆炸动画后不会重现
飞碟对象的初始摆放位置不相同
对象
飞碟
4款
太空背景
动画
飞碟按照矩形的移动轨迹做循环移动
交互
点击任意飞碟,飞碟会播放爆炸动画

实践效果

01 飞碟按照矩形的移动轨迹做循环移动。
02 点击任意飞碟,飞碟会播放爆炸动画。
03 飞碟播放爆炸动画后不会重现。

教学步骤1~3

备课流程

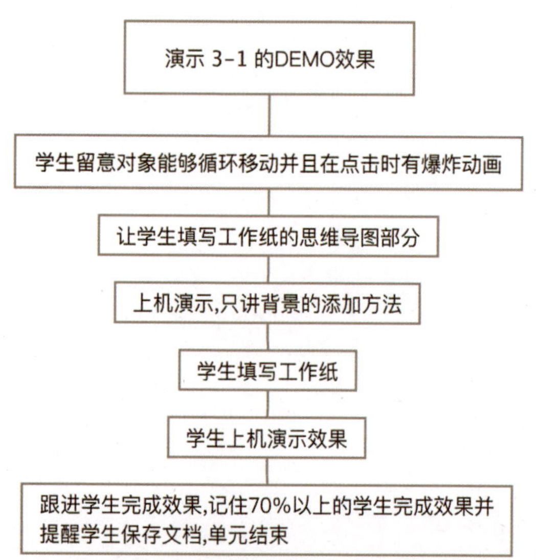

演示 3-1 的DEMO效果
学生留意对象能够循环移动并且在点击时有爆炸动画
让学生填写工作纸的思维导图部分
上机演示,只讲背景的添加方法
学生填写工作纸
学生上机演示效果
跟进学生完成效果,记住70%以上的学生完成效果并
提醒学生保存文档,单元结束

教学步骤

01 单击3-1,单击右上方的“+”按钮,选择并添加4个对象。

02 单击场景对象,再单击“把手”按钮,然后添加背景,在弹出的窗口中选择“图片1”,即可完成背景图片的添加。

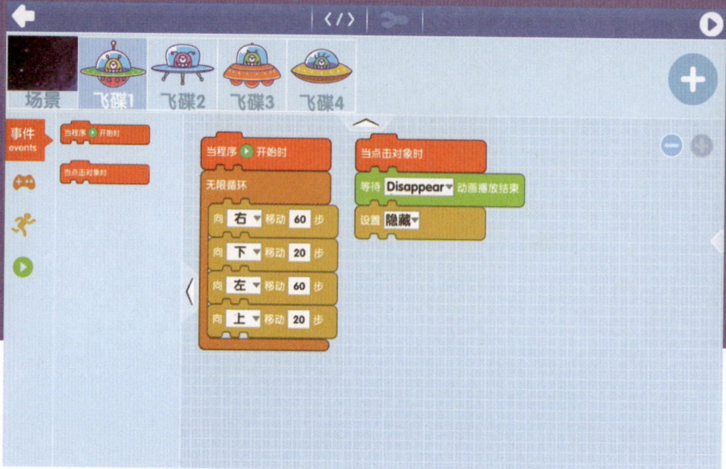

03 设置对象的循环移动和点击对象后播放爆炸动画并消失在场景中的功能。

04 单击右上角的“播放”按钮,测试对象的移动效果和点击后的爆炸效果,没有问题后将指令复制到其他3个对象上。

05 保存文档。

代码解释

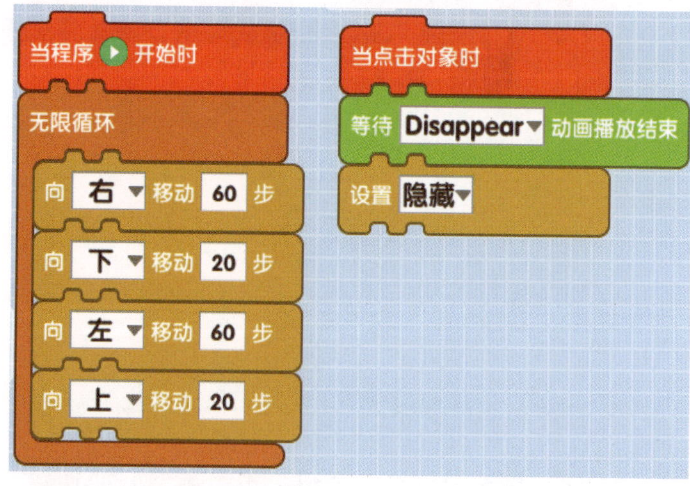

当程序开始时,对象无限循环向右移动60步、向下移动20步、向左移动60步、向上移动20步。

当点击对象时,播放“消失”动画,动画播放结束后隐藏在场景中。

当程序 开始时
无限循环
向 右 移动 80 步
向 下 移动 40 步
向 左 移动 80 步
向 上 移动 40 步

当点击对象时
等待 Disappear 动画播放结束
设置 隐藏

当程序开始时，对象无限循环向右移动80步、向下移动40步、向左移动80步、向上移动40步。

当点击对象时，播放“消失”动画，动画播放结束后隐藏在场景中。

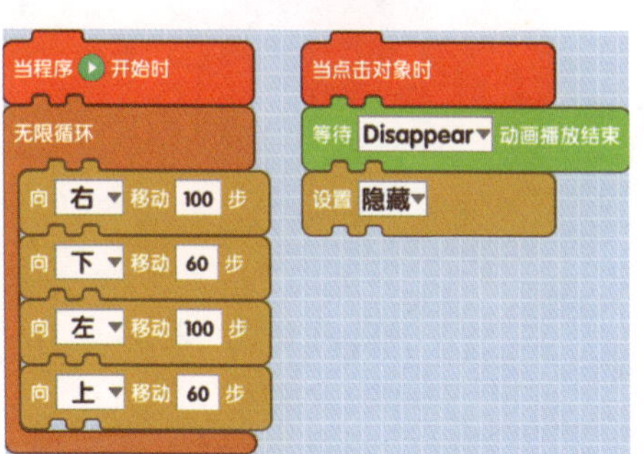

当程序开始时，对象无限循环向右移动100步、向下移动60步、左移动100步、向上移动60步。

当点击对象时，播放“消失”动画，动画播放结束后隐藏在场景中。

当程序 开始时
无限循环
向 右 移动 120 步
向 下 移动 80 步
向 左 移动 120 步
向 上 移动 80 步

当点击对象时
等待 Disappear 动画播放结束
设置 隐藏

当程序开始时，对象无限循环向右移动120步、向下移动80步、向左移动120步、向上移动80步。

当点击对象时，播放“消失”动画，动画播放结束后隐藏在场景中。

项目 02
随 机
总教学时长：200分钟

简介

模拟水果机游戏，当3个数字相同时，单击按钮，小黄人蛋就会笑起来，否则就哭。

每个小节教学时长

1-1	新建变量	10 分钟
1-2	随机变量值	10 分钟
1-3	四舍五入	10 分钟
1-4	无限循环	10 分钟
2-1	播放动画(复习)	05 分钟
2-2	广播发送动画	15 分钟
3-1	点击按钮发送消息	15 分钟
4-1	按钮控制变量暂停	25 分钟

4-2	多角色	15 分钟
5-1	变量控制动画	15 分钟
5-2	两个变量控制动画	15 分钟
5-3	多个变量控制动画	15 分钟
5-4	否则	15 分钟
6-1	完整案例	25 分钟

学生工作纸下载地址(请在PC端下载)

在清华大学出版社官方网站中搜索本书书名后单击“资源下载”按钮。

思维导图

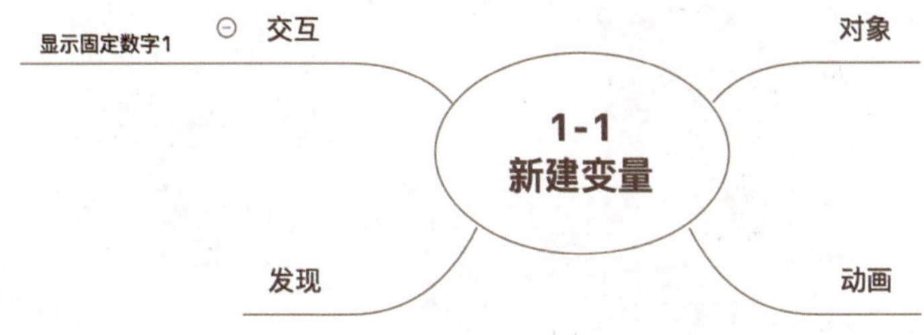

实践效果

显示固定数字1。 教学步骤1~3

备课流程

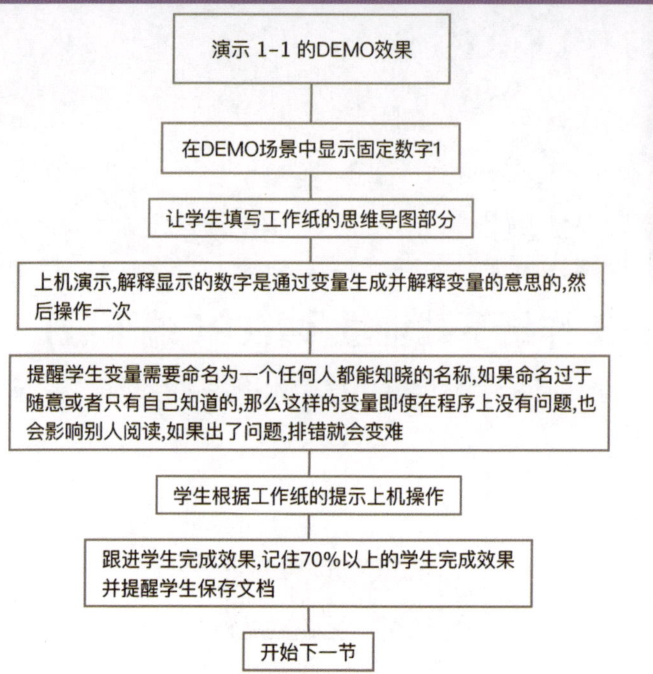

演示 1-1 的DEMO效果
在DEMO场景中显示固定数字1
让学生填写工作纸的思维导图部分
上机演示,解释显示的数字是通过变量生成并解释变量的意思的,然后操作一次
提醒学生变量需要命名为一个任何人都能知晓的名称,如果命名过于随意或者只有自己知道的,那么这样的变量即使在程序上没有问题,也会影响别人阅读,如果出了问题,排错就会变难
学生根据工作纸的提示上机操作
跟进学生完成效果,记住70%以上的学生完成效果并提醒学生保存文档
开始下一节

教学步骤

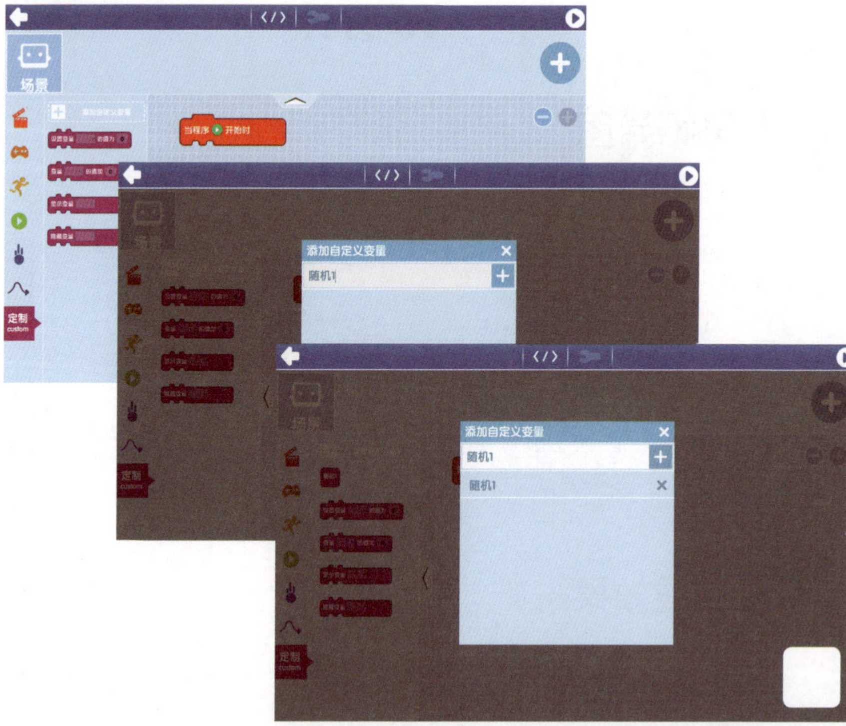

场景
当程序 开始时
添加自定义变量
随机1
添加自定义变量
随机1
随机1
定制
custom

01 单击1-1,在场景中拖曳“当程序开始时”模块到代码栏。

02 切换到“定制”菜单,单击“添加自定义变量”的透明框,在弹出的对话框的“变量名称”中输入“随机1”,然后单击旁边的“+”,最后单击右上角的“x”关掉对话框。

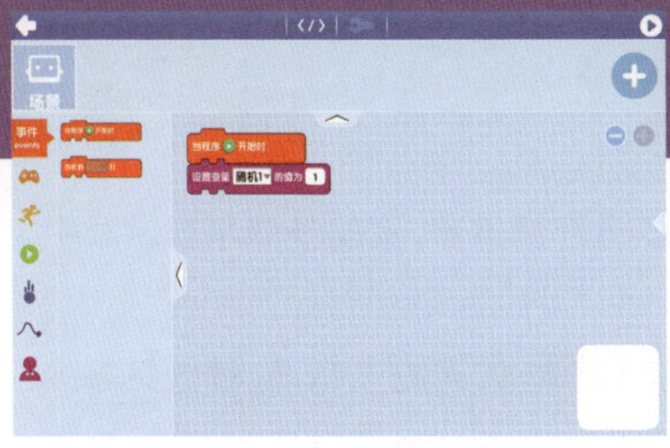

03 拖曳“设置变量的值为X”的模块到代码栏,设置菜单的名称为刚刚命名的变量“随机1”,数值为1,并与“当程序开始时”模块组合一起。

04 单击右上角的“播放”按钮,场景中就会出现数字1。

05 保存文档。

课堂提问

01 变量的值可以是任意内容吗?

02 数字或者文字的输入最大值可以有多大?

03 在新建变量的时候可以不添加对象,直接在场景中新建即可。

代码解释

当程序开始时,场景中显示名称为“随机1”的变量并且值为1。

总结 - 变量

设置变量 随机1 的值为 1

计算机程序通常使用变量存储信息，变量多数用在游戏中的分数计算。

在游戏中，生命是常见的变量，如果犯了错误，就会失去生命。当程序运行时，有些内容需要通过变量保存信息，从而让程序在运行时可以访问和更改这些信息。

为每个变量取个好名字，以免忘记它们。比如拿起牙刷挤上牙膏就会刷牙，想起名字就能想起某个变量。

并非只有数字才可以成为变量，数字或文本都可以成为变量。

要想使用变量，需要在定制一个新的命名变量后才可以使用它。

显示文字或数字的内容可以通过变量生成，使用变量之前需要先为变量命名(任何语言)，可以随意命名，但一定要方便自己搜索，要先添加变量，然后再选择使用。

新建变量的时候可以不添加对象，直接在场景中新建即可。

1-2 随机变量值

10 分钟

思维导图

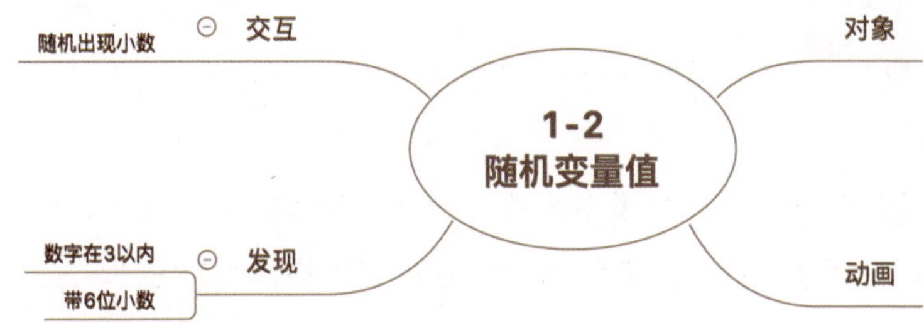

实践效果

随机出现小数。

教学步骤1~3

备课流程

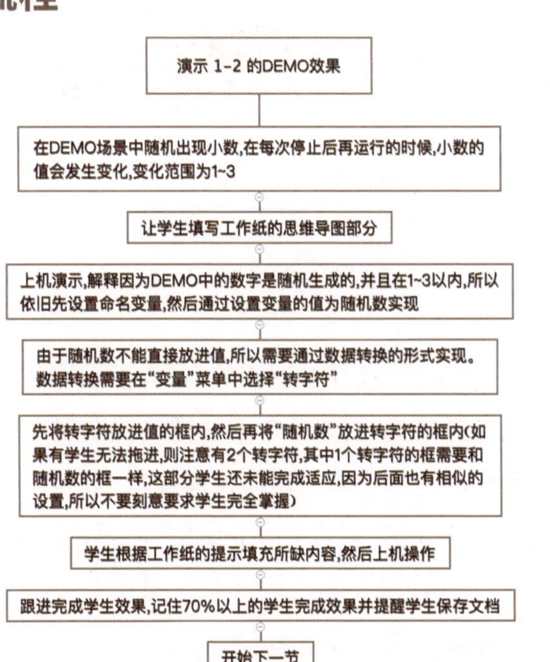

演示 1-2 的DEMO效果
在DEMO场景中随机出现小数,在每次停止后再运行的时候,小数的值会发生变化,变化范围为1~3
让学生填写工作纸的思维导图部分
上机演示,解释因为DEMO中的数字是随机生成的,并且在1~3以内,所以依旧先设置命名变量,然后通过设置变量的值为随机数实现
由于随机数不能直接放进值,所以需要通过数据转换的形式实现。数据转换需要在"变量"菜单中选择"转字符"
先将转字符放进值的框内,然后再将"随机数"放进转字符的框内(如果有学生无法拖进,则注意有2个转字符,其中1个转字符的框需要和随机数的框一样,这部分学生还未能完成适应,因为后面也有相似的设置,所以不要刻意要求学生完全掌握)
学生根据工作纸的提示填充所缺内容,然后上机操作
跟进完成学生效果,记住70%以上的学生完成效果并提醒学生保存文档
开始下一节

教学步骤

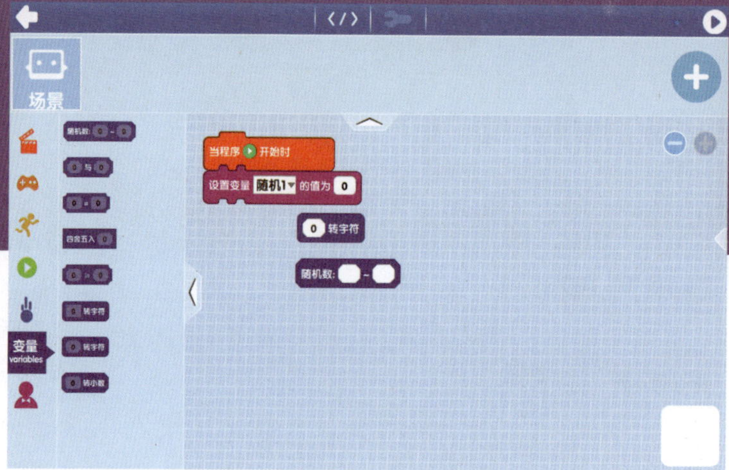

场景
当程序 开始时
设置变量 随机1 的值为 0
0 转字符
随机数:
变量
variables

01 单击1-2,在场景中拖曳“当程序开始时”模块到代码栏。

02 添加“随机1”变量,拖曳“设置变量的值为X”的模块到代码栏,在“变量”菜单中拖曳“转字符”模块(注意需要和随机数的模块框相同)和“随机数”模块。

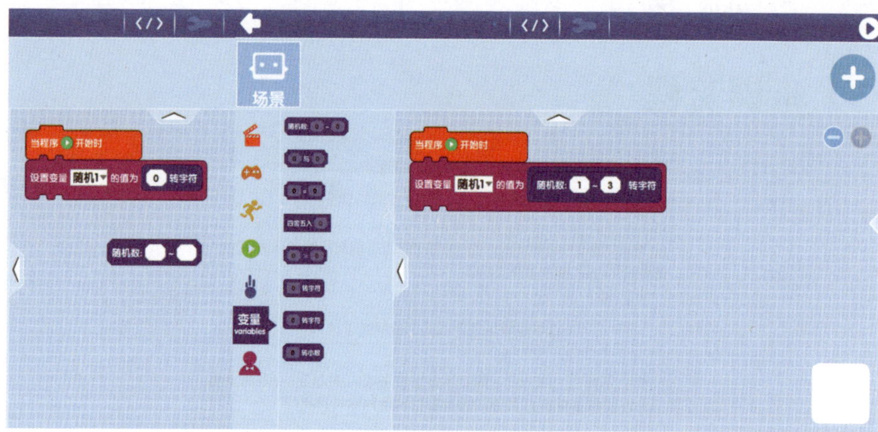

当程序 开始时
设置变量 随机1 的值为 0 转字符
随机数:
场景
变量
variables
当程序 开始时
设置变量 随机1 的值为 随机数: 1 - 3 转字符

03 先将“转字符”模块放进值的框内,然后再将“随机数”放进转字符的框内(如果有无法拖进的情况,则注意有2个转字符,其中1个转字符的框需要和随机数的框一样)。

04 单击右上角的“播放”按钮,场景中会随机出现数值在1~3以内的小数。

05 保存文档。

课堂提问

01 是否运用到了变量?在用变量的情况下先要做什么?

02 随机出现到小数,可以在变量中使用哪些模块?

03 为什么变量值不能摆随机数模块?

04 为什么随机后会出现小数点?

05 注意嵌套的逻辑顺序,留意模块的外观和形状,以免不能嵌套。

代码解释

场景
当程序 开始时
设置变量 随机1 的值为 随机数: 1 ~ 3 转字符

当程序开始时,在场景中随机显示1~3以内的小数。

总结

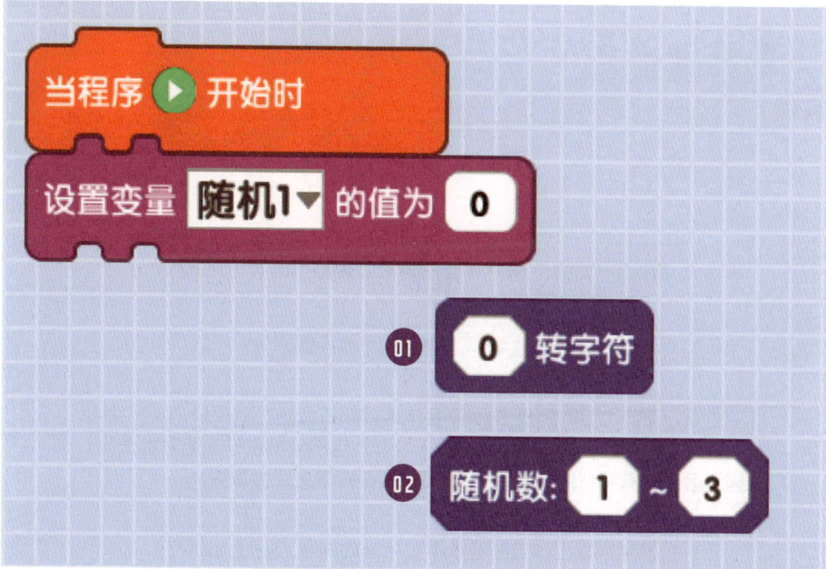

当程序 开始时
设置变量 随机1 的值为 0
01 0 转字符
02 随机数: 1 ~ 3

接入顺序,注意外框的“形状”。

1-3 四舍五入

10 分钟

思维导图

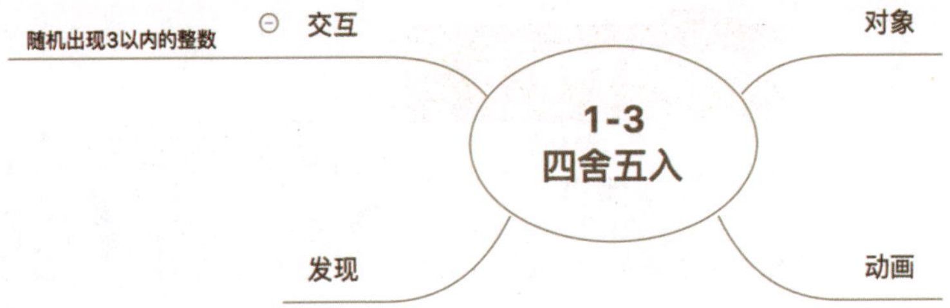

实践效果

随机出现3以内的整数。 教学步骤1~2

备课流程

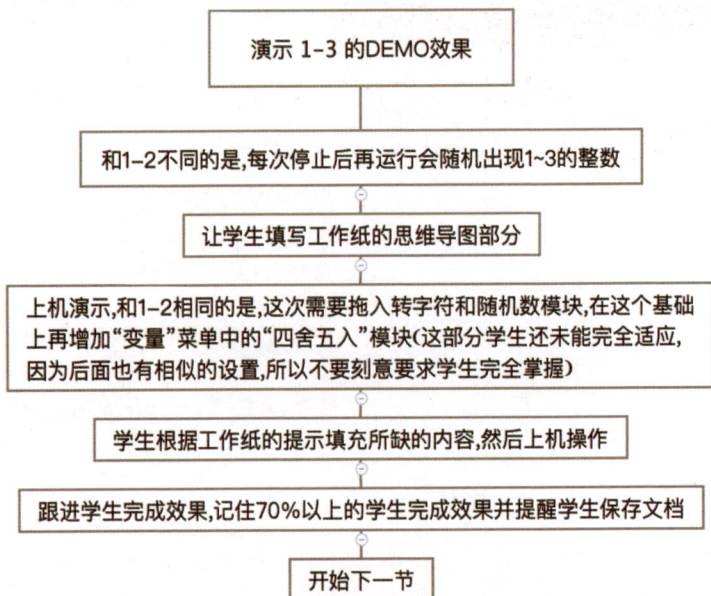

演示 1-3 的DEMO效果

和1-2不同的是,每次停止后再运行会随机出现1~3的整数

让学生填写工作纸的思维导图部分

上机演示,和1-2相同的是,这次需要拖入转字符和随机数模块,在这个基础上再增加"变量"菜单中的"四舍五入"模块(这部分学生还未能完全适应,因为后面也有相似的设置,所以不要刻意要求学生完全掌握)

学生根据工作纸的提示填充所缺的内容,然后上机操作

跟进学生完成效果,记住70%以上的学生完成效果并提醒学生保存文档

开始下一节

教学步骤

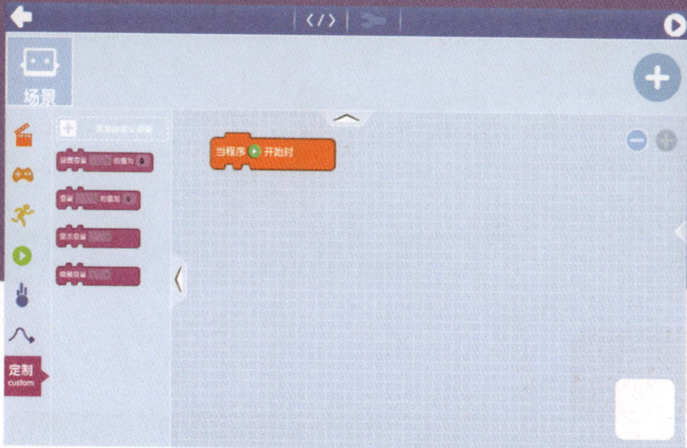
场景
当程序 开始时
定制
custom

01 单击1-3,在场景中拖曳“当程序开始时”模块到代码栏。

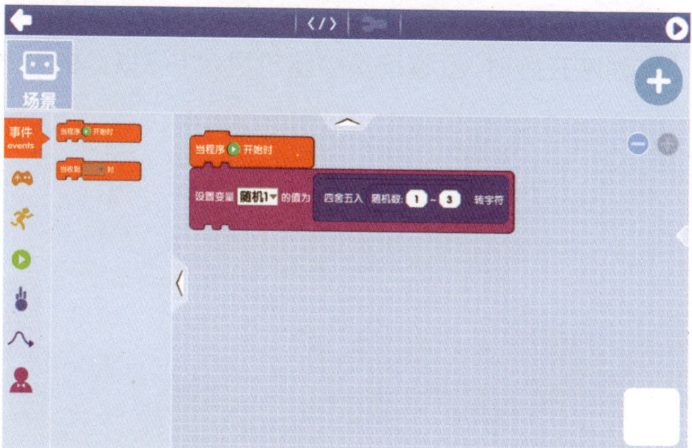
场景
事件
events
当程序 开始时
设置变量 随机1 的值为 四舍五入 随机数 1 - 3 转字符

02 需要在“变量”菜单栏里拖出“四舍五入”“随机数”“转字符”3个模块,然后依次按转字符、四舍五入、随机数进行组合(注意,转字符的内框要和四舍五入的框相同)

03 单击右上角的“播放”按钮,场景中会随机出现1~3以内的整数。

04 保存文档。

课堂提问

注意嵌套的逻辑顺序，留意模块的外观形状，以免不能嵌套。

代码解释

场景

当程序 开始时
设置变量 随机1 的值为 四舍五入 随机数: 1 ~ 3 转字符

当程序开始时，设置场景中随机显示1~3以内的整数。

1-4 无限循环

10 分钟

思维导图

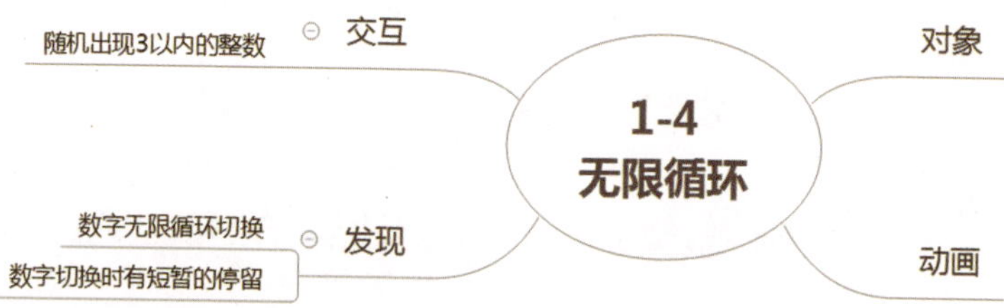

实践效果

随机出现3以内的整数。

教学步骤1~3

备课流程

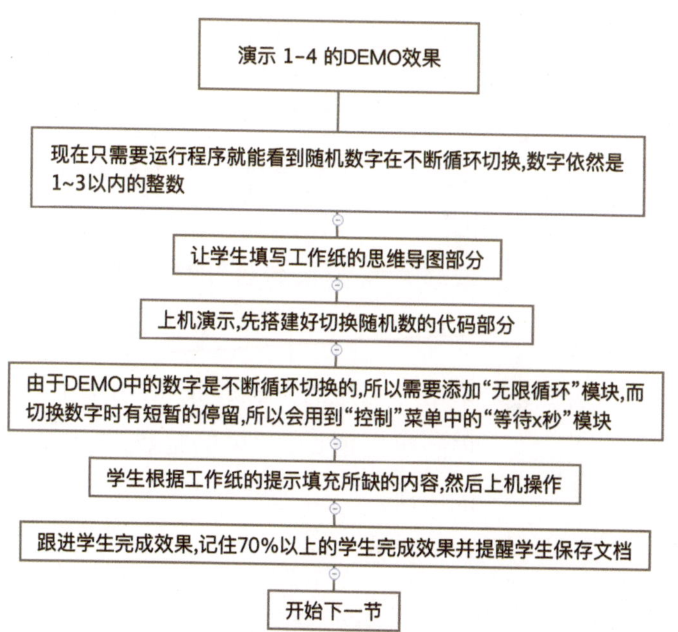

演示 1-4 的DEMO效果
现在只需要运行程序就能看到随机数字在不断循环切换,数字依然是1~3以内的整数
让学生填写工作纸的思维导图部分
上机演示,先搭建好切换随机数的代码部分
由于DEMO中的数字是不断循环切换的,所以需要添加“无限循环”模块,而切换数字时有短暂的停留,所以会用到“控制”菜单中的“等待x秒”模块
学生根据工作纸的提示填充所缺的内容,然后上机操作
跟进学生完成效果,记住70%以上的学生完成效果并提醒学生保存文档
开始下一节

教学步骤

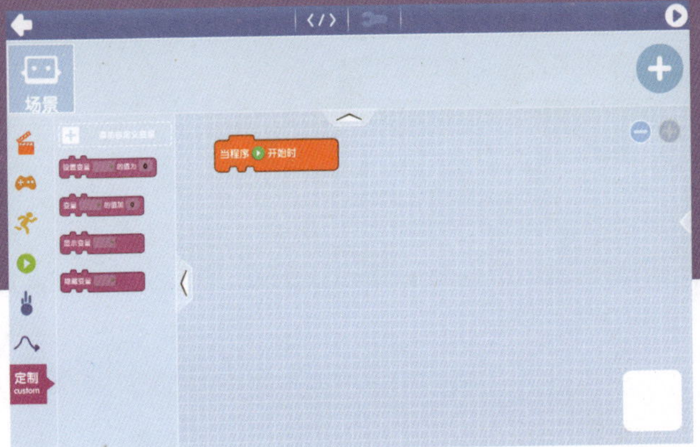
场景
当程序 开始时
定制
custom

01 单击1-4,在场景中拖曳“当程序开始时”模块到代码栏。

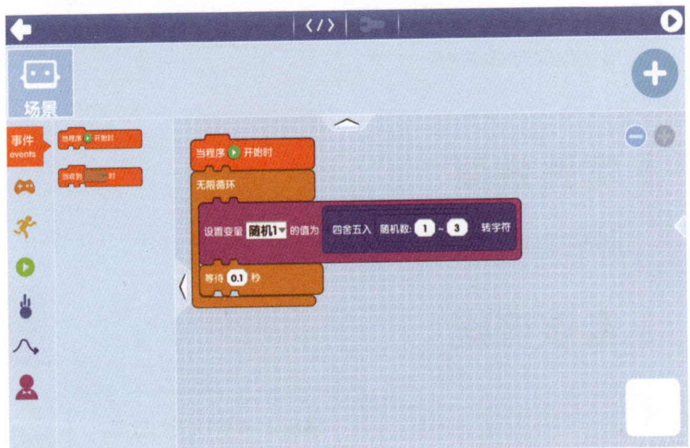
场景
事件
events
当程序 开始时
无限循环
设置变量 随机1 的值为 四舍五入 随机数: 1 - 3 转字符
等待 0.1 秒

02 依次将“转字符”“四舍五入”“随机数”模块进行组合(注意,转字符的内框要和四舍五入的框相同)。

03 嵌套无限循环,包含“随机数转换”和“等待X秒”模块。

04 单击右上角的“播放”按钮,场景中会无限循环地随机出现1~3以内的整数,并且以0.1秒的间隔切换。

05 保存文档。

课堂提问

01 哪种模块可以产生无限循环数字的效果?

02 数字切换时的停留是由哪个模块起的作用?

代码解释

场景

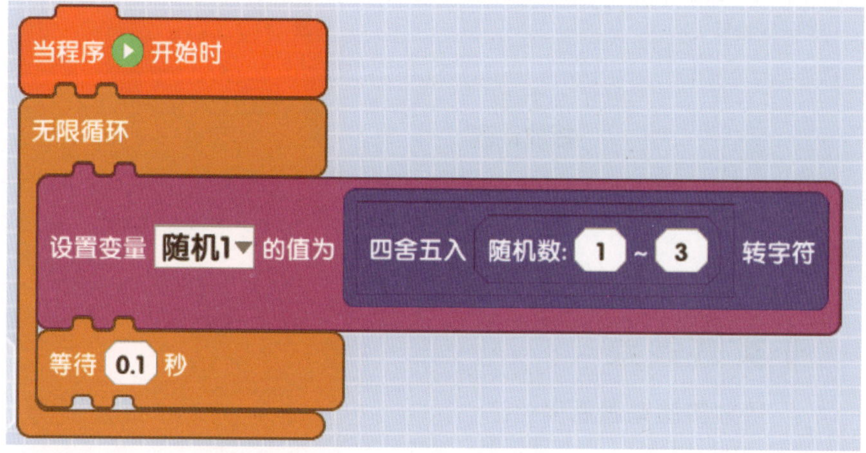

当程序 开始时
无限循环
设置变量 随机1 的值为 四舍五入 随机数: 1 ~ 3 转字符
等待 0.1 秒

当程序开始时,无限循环设置场景中随机显示1~3以内的整数,并且以0.1秒的间隔切换。

2-1 播放动画（复习）

05 分钟

思维导图

交互
对象
小黄人蛋
2-1
播放动画
发现
动画
播放笑脸动画后停止

实践效果

播放笑脸动画后停止。

教学步骤1~2

备课流程

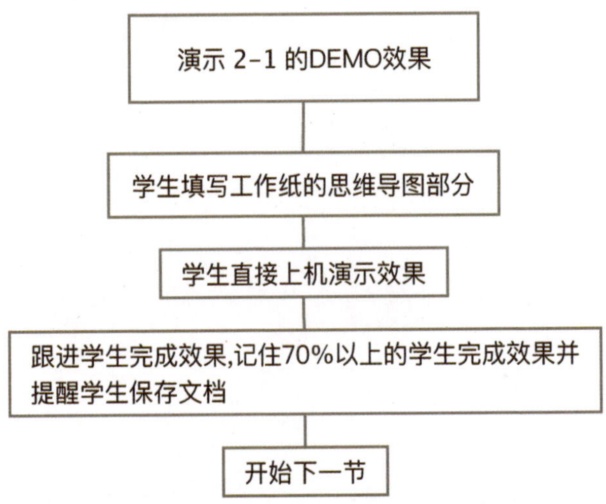

演示 2-1 的DEMO效果
学生填写工作纸的思维导图部分
学生直接上机演示效果
跟进学生完成效果,记住70%以上的学生完成效果并提醒学生保存文档
开始下一节

教学步骤

01 单击2-1,单击右上方的“+”按钮,选择并添加对象。

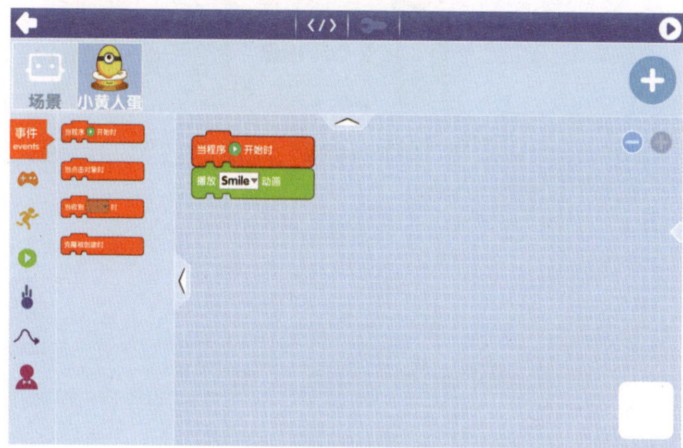

02 添加对象后将鼠标移动到左方选择“事件”菜单中的“当点击对象时”模块,以及“动画”菜单中的“播放动画”模块并拖曳到右方的代码栏中。

03 设置对象播放Smile(笑)效果。

04 单击右上角的“播放”按钮,会直接看到对象在笑。

05 保存文档。

课堂提问

播放动画模块可以在哪里找到?

出现问题

播放笑脸动画后停止。

代码解释

当程序开始时,对象播放笑的动画。

2-2 广播发送动画

15 分钟

思维导图

实践效果

播放笑脸动画后停止。

教学步骤1~3

备课流程

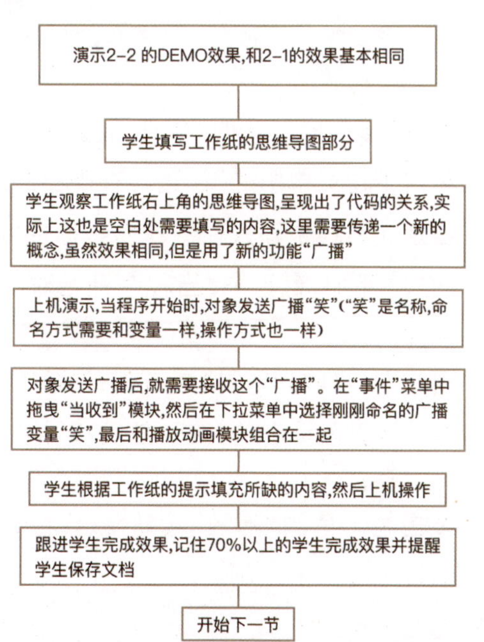

演示2-2 的DEMO效果,和2-1的效果基本相同
学生填写工作纸的思维导图部分
学生观察工作纸右上角的思维导图,呈现出了代码的关系,实际上这也是空白处需要填写的内容,这里需要传递一个新的概念,虽然效果相同,但是用了新的功能"广播"
上机演示,当程序开始时,对象发送广播"笑"("笑"是名称,命名方式需要和变量一样,操作方式也一样)
对象发送广播后,就需要接收这个"广播"。在"事件"菜单中拖曳"当收到"模块,然后在下拉菜单中选择刚刚命名的广播变量"笑",最后和播放动画模块组合在一起
学生根据工作纸的提示填充所缺的内容,然后上机操作
跟进学生完成效果,记住70%以上的学生完成效果并提醒学生保存文档
开始下一节

教学步骤

场景
小黄人蛋
事件
events

01 单击2-2,新建小黄人蛋对象。

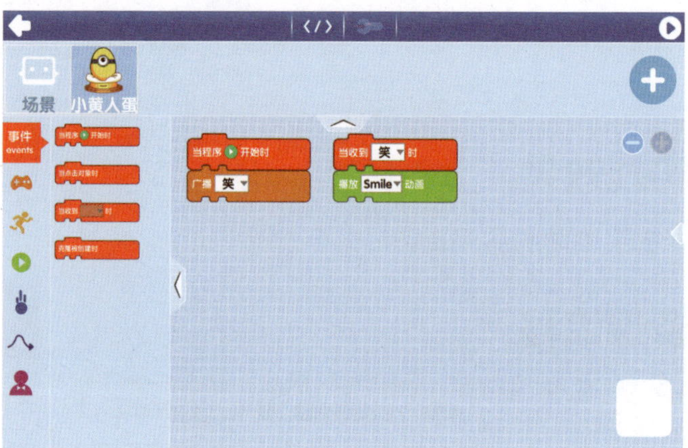

场景
小黄人蛋
事件
events
当程序 开始时
广播 笑
当收到 笑 时
播放 Smile 动画

02 拖曳“当程序开始时”模块,再找到“广播”模块,单击下拉菜单中的“位置”,在弹出的对话框中的自定义名称中输入“笑”作为名称,然后单击旁边的“+”添加,然后与“当程序开始时”模块结合在一起。

03 再找到“当收到时”模块,在下拉菜单中的“位置”中选择刚刚命名的“笑”,然后和“播放动画”组合在一起。

04 单击右上角的“播放”按钮,就会看到小黄人蛋播放了“笑”的动画。

05 保存文档。

课堂提问

01 通过“广播消息”模块可以实现对象在接收到信息后执行动作吗？

02 新建广播消息时需要对消息进行命名吗？

03 消息的命名可以是任意内容吗？

04 接收消息前需要发送广播吗？发送广播后需要设置接收的对象吗？

代码解释

小黄人蛋

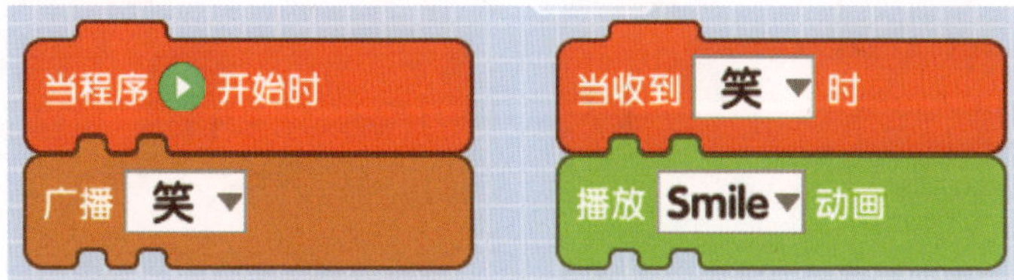
当程序 开始时
广播 笑
当收到 笑 时
播放 Smile 动画

当程序开始时，小黄人蛋发送“笑”的广播。

当小黄人蛋接收到“笑”的广播后，播放“笑”的动画。

总结

对广播的理解

就像老师说“下课”了，同学们就知道可以“离开座位”了。

通过“广播消息”模块可以实现当对象接收到信息后执行动作。

新建广播消息时也需要对消息进行命名。

要想接收消息，就需要先发送广播，同样，发送广播之后，就需要设置接收的对象。

3-1 点击按钮发送消息

15 分钟

思维导图

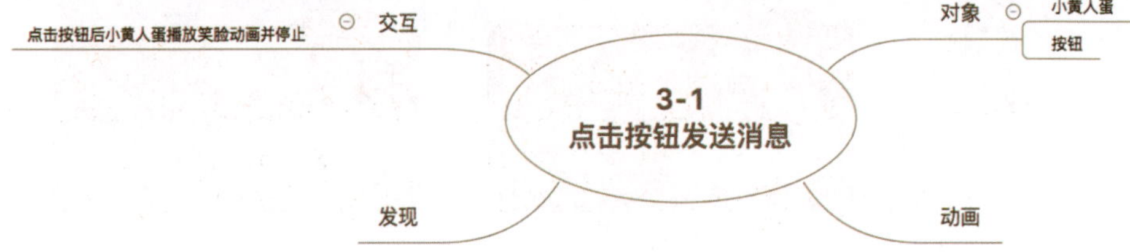
3-1
点击按钮发送消息
交互
点击按钮后小黄人蛋播放笑脸动画并停止
对象
小黄人蛋
按钮
发现
动画

实践效果

点击按钮后小黄人蛋播放笑脸动画并停止。 教学步骤1~2

备课流程

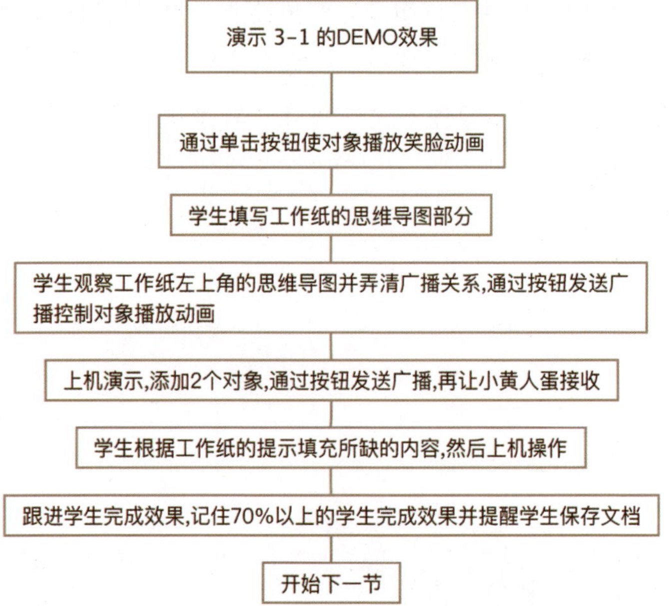
演示 3-1 的DEMO效果
通过单击按钮使对象播放笑脸动画
学生填写工作纸的思维导图部分
学生观察工作纸左上角的思维导图并弄清广播关系,通过按钮发送广播控制对象播放动画
上机演示,添加2个对象,通过按钮发送广播,再让小黄人蛋接收
学生根据工作纸的提示填充所缺的内容,然后上机操作
跟进学生完成效果,记住70%以上的学生完成效果并提醒学生保存文档
开始下一节

教学步骤

01 单击3-1,新建小黄人蛋和按钮对象。

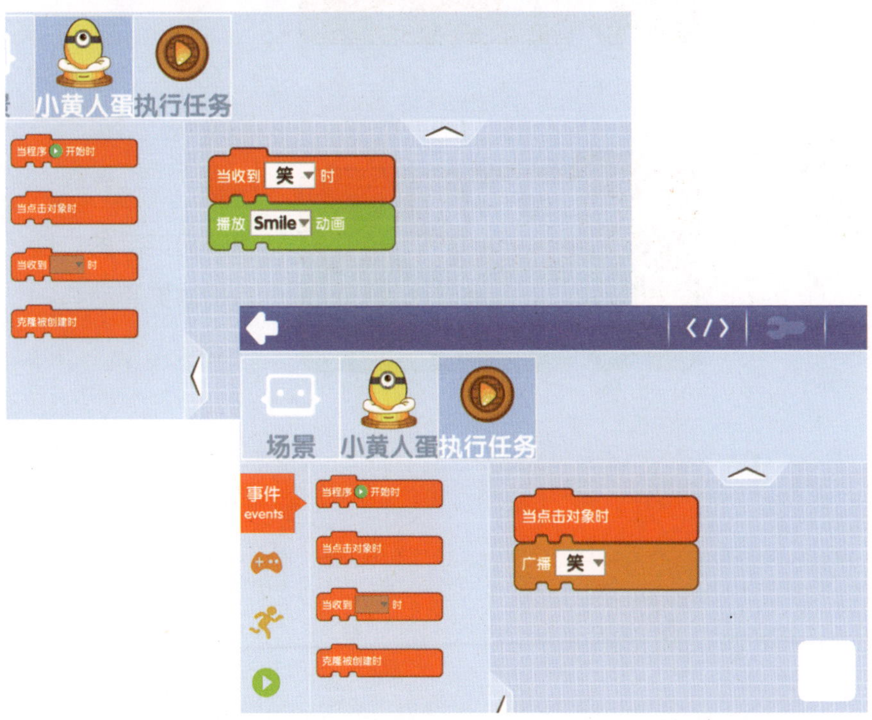

02 对按钮对象设置当单击的时候发送“笑”的广播，对小黄人蛋对象设置当收到“笑”的广播后播放笑脸动画。

03 单击右上角的“播放”按钮，就能看到小黄人蛋播放了笑脸动画。

04 保存文档。

课堂提问

01 使用广播发送消息可以更快地执行效果吗?

02 谁是发送对象?谁是接收对象?

代码解释

执行任务

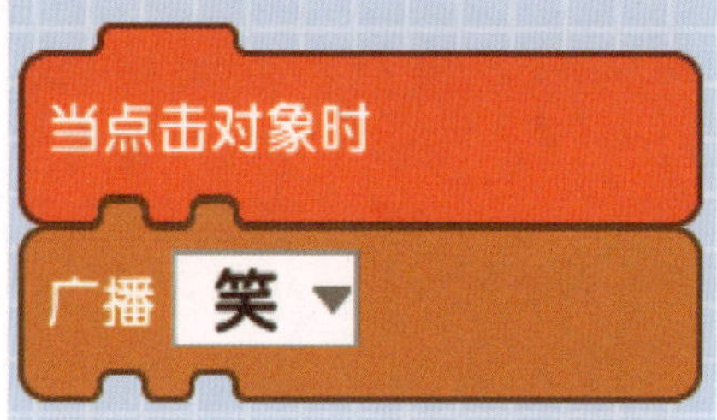
当点击对象时
广播 笑

当点击按钮对象时，发送“笑”的广播给所有对象。

小黄人蛋

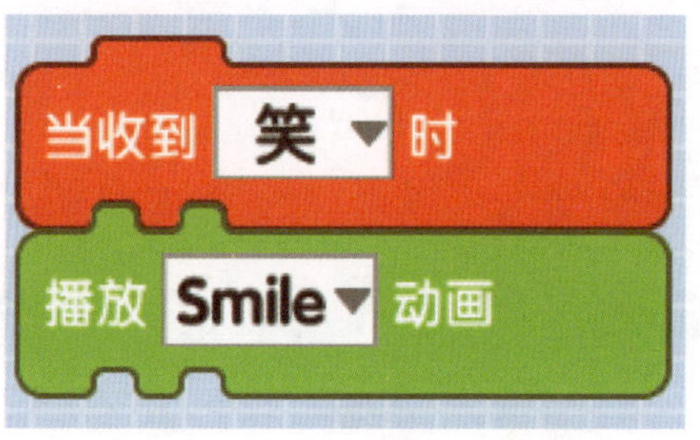
当收到 笑 时
播放 Smile 动画

在收到“笑”的广播后播放笑脸动画。

4-1 按钮控制变量暂停

25 分钟

思维导图

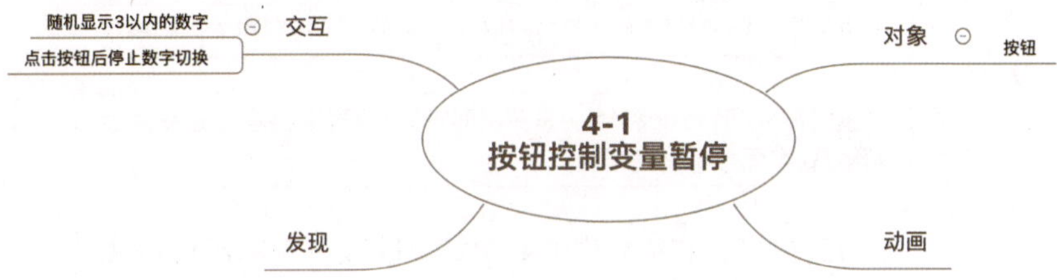

实践效果

01 随机显示3以内的数字。 教学步骤4

02 点击按钮后停止数字切换。 教学步骤1~3

备课流程

演示 4-1 的DEMO效果

场景中的变量随机显示3以内的数字,点击按钮后停止数字切换

让学生填写工作纸的思维导图部分

结合工作纸流程图部分,先解决左上角的2个空白的方框需要新建2个变量“停止”“随机1”的原因。因为右方的流程图已经标示了2个变量的名称,通过反推得知先要新建2个变量

要求学生按照流程图上已知的模块先嵌套场景和按钮对象内的模块

学生可能会问到true和false是变量吗?这部分直接回答先输入,然后再解释(字面意思是真和假)

流程图中的菱形符号代表“如果,那么”模块,是判定条件,判定当发生什么情况时执行怎样的操作

变量停止=true需要用到“变量”菜单中的x=x模块

变量停止=true中的变量需要拖曳进去,而不是用文字录入的方式

解释场景部分的代码的意思是,当变量“停止”的值不为true的时候,就会无限循环执行数字切换

解释当点击按钮的时候,就会把变量“停止”的值变为true,从DEMO中可以看到,当点击按钮后,数字就不会切换了,从而推断工作之上空出的格需要一个停止循环的模块,这可以从“控制”菜单中通过“跳出循环”模块实现

学生根据工作纸的提示填充所缺的内容,然后上机操作

跟进学生完成效果,记住70%以上的学生完成效果并提醒学生保存文档

开始下一节

教学步骤

执行任务
当点击对象时
设置变量 停止 的值为 true
场景
执行任务
事件
events
当程序 开始时
设置变量 停止 的值为 false
隐藏变量 停止

01 单击4-1，新建“停止”和“随机”2个变量以及添加按钮对象。

02 按照工作纸上的提示，先将按钮组合出“当点击按钮时”模块，设置变量停止的值为true(true为文字录入)。

03 对场景对象与“当程序开始时”模块组合时，设置变量停止的值为false(false为文字录入)，然后隐藏变量“停止”。

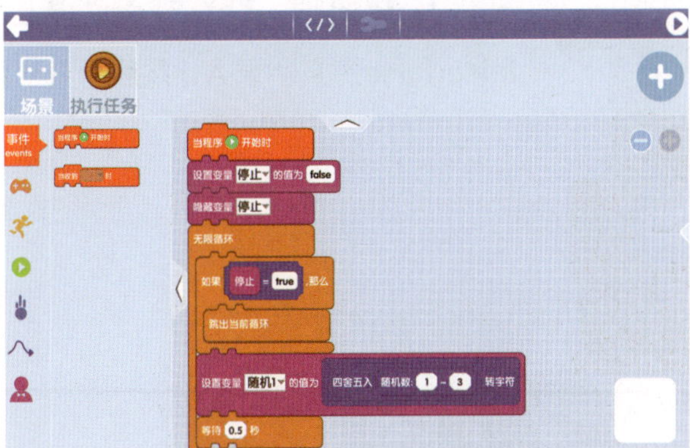

场景
执行任务
当程序 开始时
设置变量 停止 的值为 false
隐藏变量 停止
无限循环
如果 停止 = true 那么
跳出当前循环
设置变量 随机1 的值为 四舍五入 随机数 1 - 3 转字符
等待 0.5 秒

04 继续组合执行无限循环检测，当变量“停止”的值为true时跳出循环，如果变量“停止”的值不为true，则不断随机执行每隔0.5秒进行随机数1~3的切换的动作。

05 单击右上角的“播放”按钮，变量在不停地随机切换数字，单击按钮后会停止数字切换。

06 保存文档。

课堂提问

01 变量原来也是可以隐藏起来不显示在画面中的,找找是哪个模块?

02 true 和 false 是什么意思?在程序中起到什么作用?

03 如果,那么模块帮助检测了什么功能?

04 跳出当前循环指的是什么意思?跳出后程序会产生什么结果?

05 将等待时间延长会有什么结果?

代码解释

执行任务

当点击对象时
设置变量 停止 的值为 true

当点击按钮对象时,设置变量“停止”的值为true(true为文字录入)。

场景

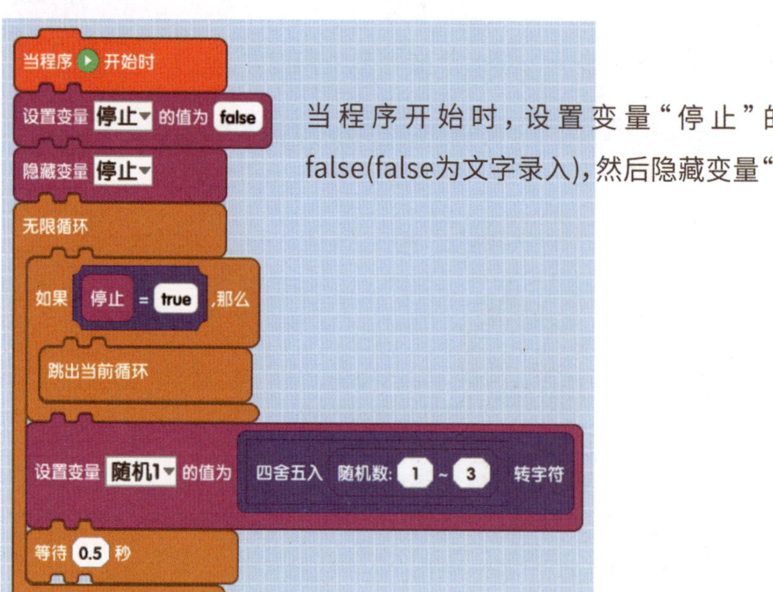
当程序 开始时
设置变量 停止 的值为 false
隐藏变量 停止
无限循环
如果 停止 = true ,那么
跳出当前循环
设置变量 随机1 的值为 四舍五入 随机数: 1 ~ 3 转字符
等待 0.5 秒

当程序开始时,设置变量“停止”的值为false(false为文字录入),然后隐藏变量“停止”。

执行无限循环检测,当变量“停止”的值为true时跳出循环,如果变量“停止”的值不为true,则不断随机执行每隔0.5秒进行随机数1~3的切换的动作。

RANDOM
1
RANDOM
2

4-2 多角色

15 分钟

思维导图

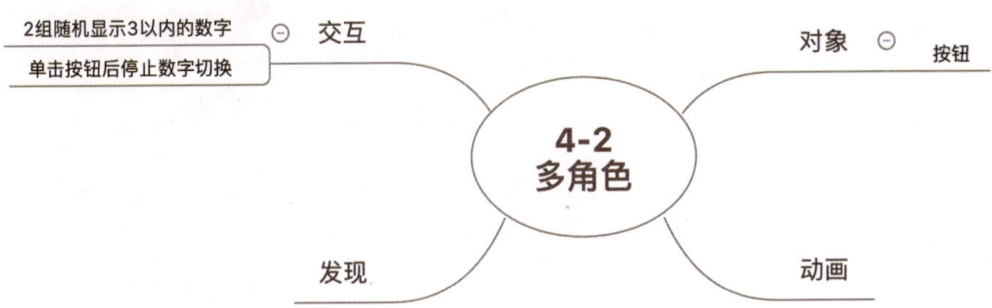
4-2
多角色
交互
2组随机显示3以内的数字
单击按钮后停止数字切换
对象
按钮
发现
动画

实践效果

01 2组随机显示3以内的数字。 教学步骤1~2

02 单击按钮后停止数字切换。 教学步骤3

备课流程

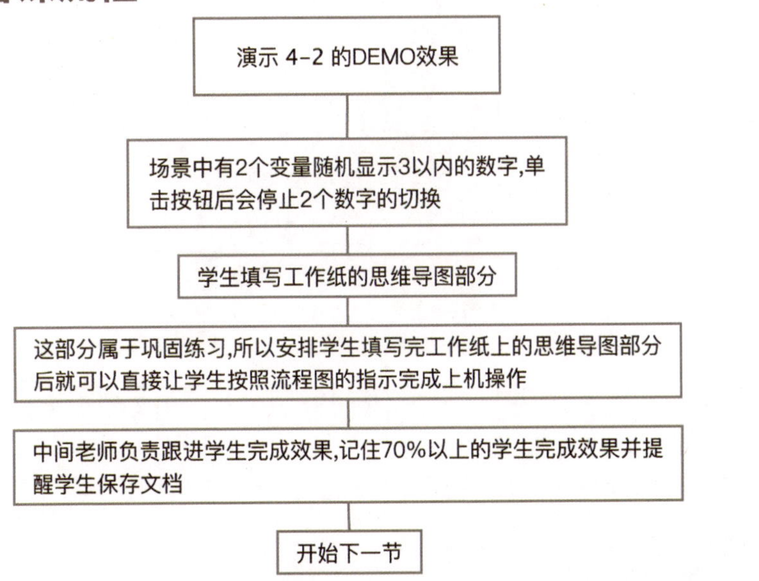
演示 4-2 的DEMO效果
场景中有2个变量随机显示3以内的数字,单击按钮后会停止2个数字的切换
学生填写工作纸的思维导图部分
这部分属于巩固练习,所以安排学生填写完工作纸上的思维导图部分后就可以直接让学生按照流程图的指示完成上机操作
中间老师负责跟进学生完成效果,记住70%以上的学生完成效果并提醒学生保存文档
开始下一节

教学步骤

01 单击4-1,新建“停止”和“随机”2个变量以及添加按钮对象。

02 按照工作纸上的提示,先对按钮组合出“当点击按钮时”模块,设置变量“停止”的值为true(true为文字录入)。

03 将场景对象与“当程序开始时”模块组合,设置变量“停止”的值为false(false为文字录入),然后隐藏变量“停止”。

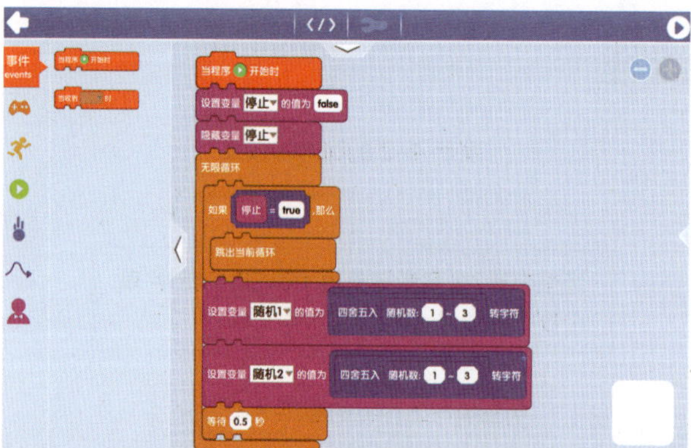

04 继续组合执行无限循环检测,当变量“停止”的值为true时跳出循环,如果变量“停止”的值不为true,则不断随机执行2组每隔0.5秒进行随机数1~3的切换的动作。

05 单击右上角的“播放”按钮,变量在不停地随机切换数字,单击按钮后,会停止数字切换。

06 保存文档。

课堂提问

在原来代码的基础上可以再新增一组变量吗？

代码解释

执行任务

当点击对象时
设置变量 停止 的值为 true

当单击按钮时，

设置变量“停止”的值为

true(true为文字录入)。

场景

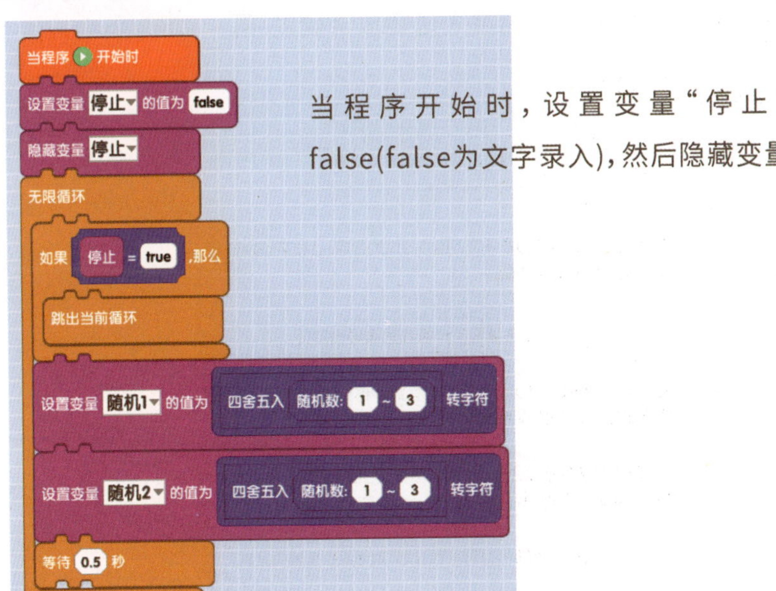
当程序 开始时
设置变量 停止 的值为 false
隐藏变量 停止
无限循环
如果 停止 = true ,那么
跳出当前循环
设置变量 随机1 的值为 四舍五入 随机数: 1 ~ 3 转字符
设置变量 随机2 的值为 四舍五入 随机数: 1 ~ 3 转字符
等待 0.5 秒

当程序开始时，设置变量“停止”的值为false(false为文字录入)，然后隐藏变量“停止”。

执行无限循环检测，当变量“停止”的值为true时跳出循环，

如果变量“停止”的值不为true，

则不断随机执行2组每隔0.5秒进行随机数1~3的切换的动作。

RANDOM
1

5-1 变量控制动画

15 分钟

思维导图

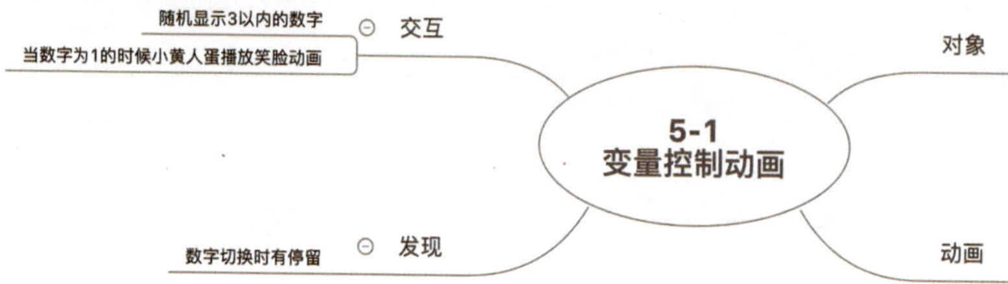
5-1
变量控制动画
交互
随机显示3以内的数字
当数字为1的时候小黄人蛋播放笑脸动画
发现
数字切换时有停留
对象
动画

实践效果

01 随机显示3以内的数字。

02 当数字为1的时候小黄人蛋播放笑脸动画。

教学步骤1~3

备课流程

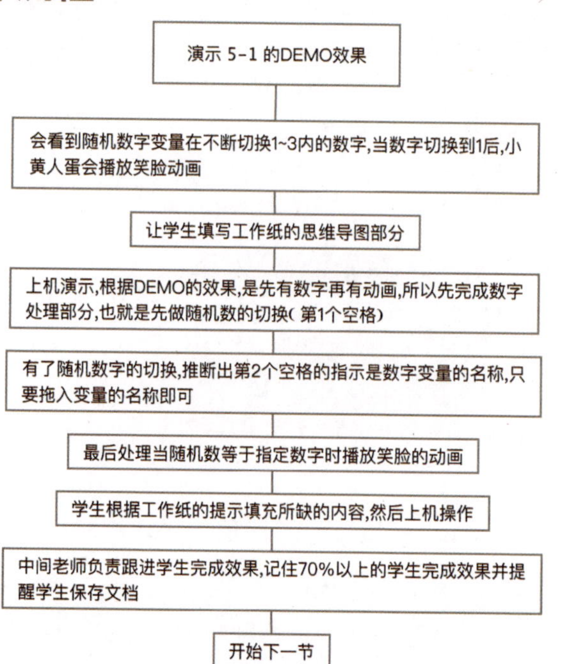
演示 5-1 的DEMO效果
会看到随机数字变量在不断切换1~3内的数字,当数字切换到1后,小黄人蛋会播放笑脸动画
让学生填写工作纸的思维导图部分
上机演示,根据DEMO的效果,是先有数字再有动画,所以先完成数字处理部分,也就是先做随机数的切换(第1个空格)
有了随机数字的切换,推断出第2个空格的指示是数字变量的名称,只要拖入变量的名称即可
最后处理当随机数等于指定数字时播放笑脸的动画
学生根据工作纸的提示填充所缺的内容,然后上机操作
中间老师负责跟进学生完成效果,记住70%以上的学生完成效果并提醒学生保存文档
开始下一节

教学步骤

场景
小黄人蛋
事件
events
当程序 开始时
当点击对象时
当收到 时
克隆被创建时
当程序 开始时
无限循环
设置变量 随机1 的值为 四舍五入 随机数: 1 ~ 3 转字符
等待 1 秒

01 单击5-1,新建一个随机变量以及添加小黄人蛋对象。

02 按照工作纸上的提示,设置当程序开始时无限循环地执行每隔1秒进行数字变量的随机切换的动作。

场景
小黄人蛋
事件
events
当程序 开始时
当点击对象时
当收到 时
克隆被创建时
当程序 开始时
无限循环
设置变量 随机1 的值为 四舍五入 随机数: 1 ~ 3 转字符
如果 随机1 = 1 ,那么
播放 Smile 动画
等待 1 秒

03 在无限循环地切换数字的情况下,设置当随机数字变量的值为1时播放笑脸动画(只要数字在3以内,都能触发小黄人蛋播放笑脸动画,如果数字超过3,则随机数字的大小范围也要超过3或指定的值)。

04 单击右上角的“播放”按钮,当随机变量数字为1时,小黄人会播放笑脸动画。

05 保存文档。

课堂提问

01 如果数字为1，小黄人蛋就播放笑脸动画，这需要用到哪个模块？

02 可以设定数字不为1吗？

代码解释

小黄人蛋

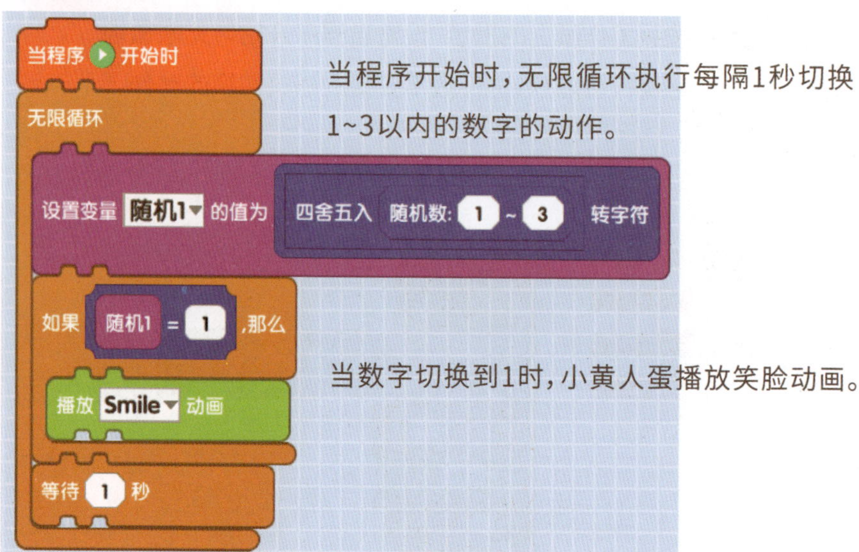

当程序 开始时
无限循环
设置变量 随机1 的值为 四舍五入 随机数: 1 ~ 3 转字符
如果 随机1 = 1 ,那么
播放 Smile 动画
等待 1 秒

当程序开始时，无限循环执行每隔1秒切换1~3以内的数字的动作。

当数字切换到1时，小黄人蛋播放笑脸动画。

5-2 两个变量控制动画

15 分钟

思维导图

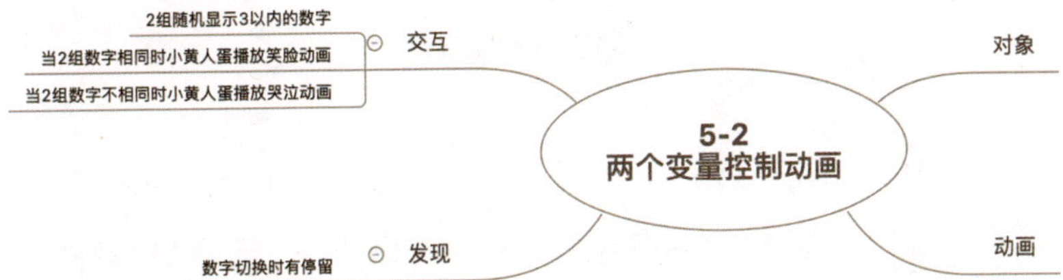

实践效果

01 2组随机显示3以内的数字。

02 当2组数字相同时小黄人蛋播放笑脸动画。

03 当2组数字不相同时小黄人蛋播放哭泣动画。

教学步骤1~3

备课流程

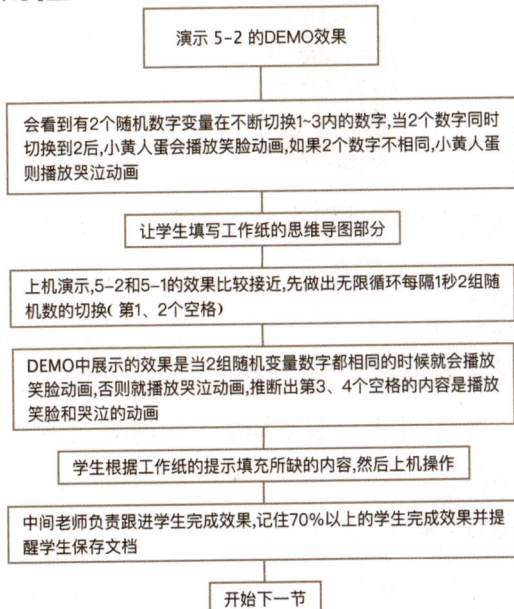

演示 5-2 的DEMO效果

会看到有2个随机数字变量在不断切换1~3内的数字,当2个数字同时切换到2后,小黄人蛋会播放笑脸动画,如果2个数字不相同,小黄人蛋则播放哭泣动画

让学生填写工作纸的思维导图部分

上机演示,5-2和5-1的效果比较接近,先做出无限循环每隔1秒2组随机数的切换(第1、2个空格)

DEMO中展示的效果是当2组随机变量数字都相同的时候就会播放笑脸动画,否则就播放哭泣动画,推断出第3、4个空格的内容是播放笑脸和哭泣的动画

学生根据工作纸的提示填充所缺的内容,然后上机操作

中间老师负责跟进学生完成效果,记住70%以上的学生完成效果并提醒学生保存文档

开始下一节

教学步骤

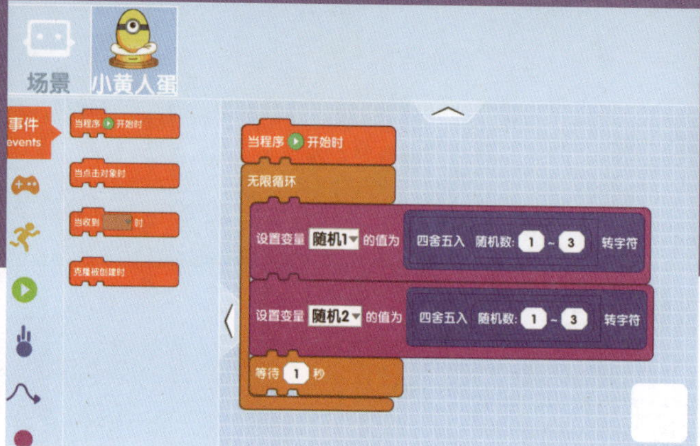
场景
小黄人蛋
事件
events
当程序 开始时
无限循环
设置变量 随机1 的值为 四舍五入 随机数: 1 ~ 3 转字符
设置变量 随机2 的值为 四舍五入 随机数: 1 ~ 3 转字符
等待 1 秒

01 单击5-2,新建2个随机变量以及添加小黄人蛋对象。

02 设置当程序开始时，无限循环执行2组每隔1秒进行数字变量的随机切换的动作。

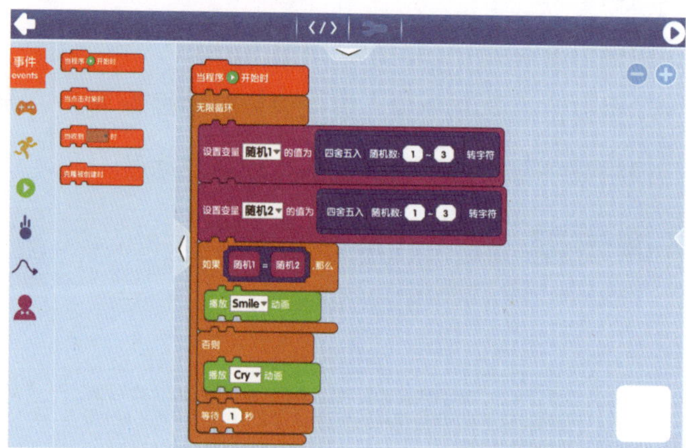
事件
events
当程序 开始时
无限循环
设置变量 随机1 的值为 四舍五入 随机数: 1 ~ 3 转字符
设置变量 随机2 的值为 四舍五入 随机数: 1 ~ 3 转字符
如果 随机1 = 随机2 那么
播放 Smile 动画
否则
播放 Cry 动画
等待 1 秒

03 在无限循环地切换数字的情况下，设置当随机数字变量1等于变量2时播放笑脸动画，否则播放哭泣动画。

04 单击右上角的“播放”按钮，当2组随机变量数字相同时，小黄人蛋会播放笑脸动画，否则播放哭泣动画。

05 保存文档。

课堂提问

如果再增加一组数字和2种条件判断，还是使用相同的模块吗？

代码解释

小黄人蛋

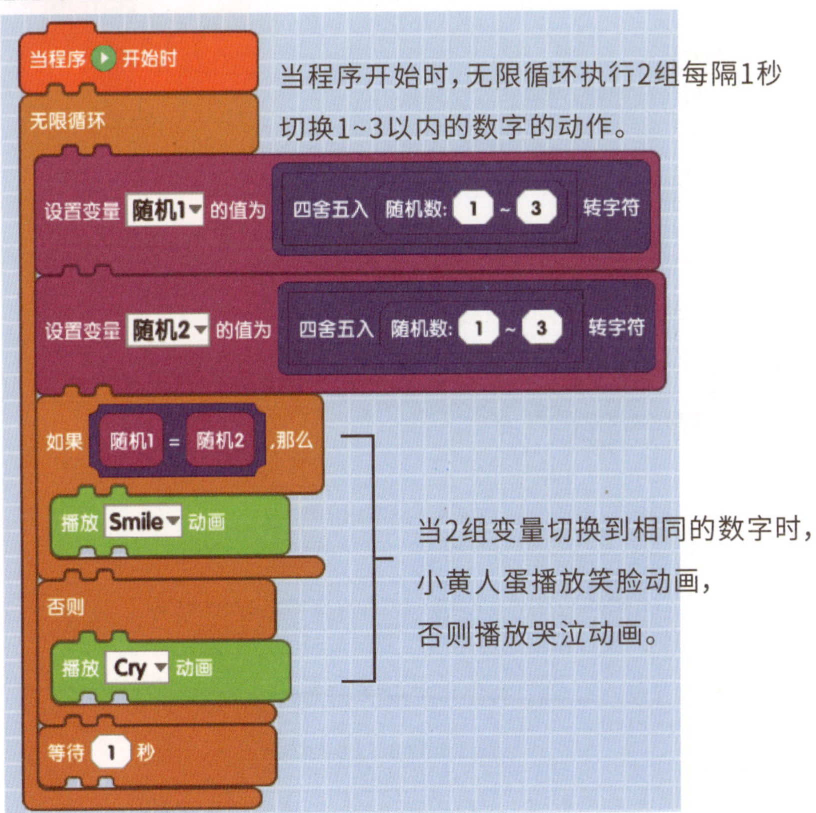
当程序 开始时
无限循环
设置变量 随机1 的值为 四舍五入 随机数: 1 ~ 3 转字符
设置变量 随机2 的值为 四舍五入 随机数: 1 ~ 3 转字符
如果 随机1 = 随机2 ,那么
播放 Smile 动画
否则
播放 Cry 动画
等待 1 秒

当程序开始时，无限循环执行2组每隔1秒切换1~3以内的数字的动作。

当2组变量切换到相同的数字时，小黄人蛋播放笑脸动画，否则播放哭泣动画。

5-3 多个变量控制动画

15 分钟

思维导图

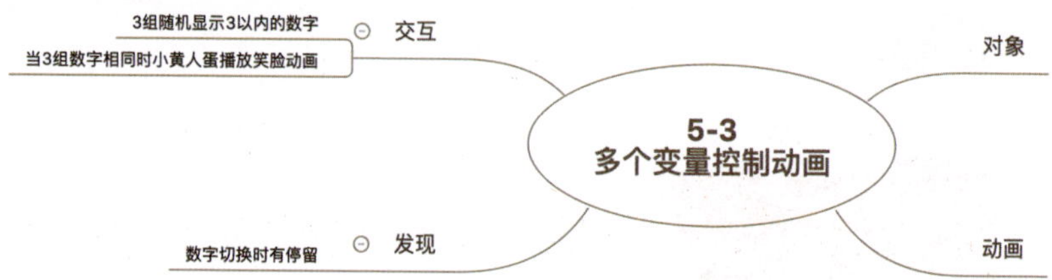

实践效果

01 3组随机显示3以内的数字。

02 当3组数字相同时小黄人蛋播放笑脸动画。

教学步骤 1~3

备课流程

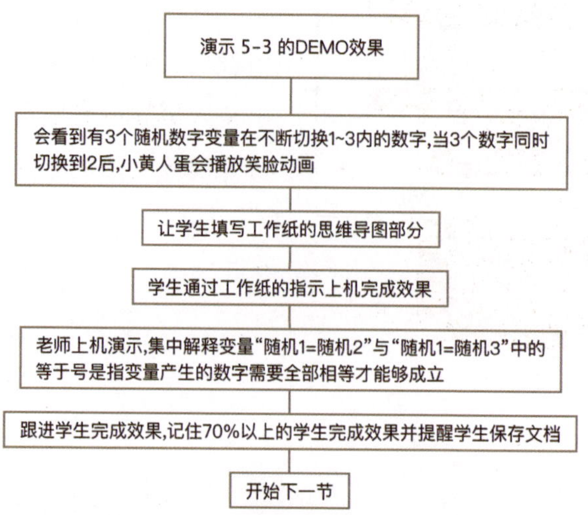

演示 5-3 的DEMO效果
会看到有3个随机数字变量在不断切换1~3内的数字,当3个数字同时切换到2后,小黄人蛋会播放笑脸动画
让学生填写工作纸的思维导图部分
学生通过工作纸的指示上机完成效果
老师上机演示,集中解释变量"随机1=随机2"与"随机1=随机3"中的等于号是指变量产生的数字需要全部相等才能够成立
跟进学生完成效果,记住70%以上的学生完成效果并提醒学生保存文档
开始下一节

教学步骤

场景
小黄人蛋
事件
当程序 开始时
无限循环
设置变量 随机1 的值为 四舍五入 随机数: 1 ~ 3 转字符
设置变量 随机2 的值为 四舍五入 随机数: 1 ~ 3 转字符
设置变量 随机3 的值为 四舍五入 随机数: 1 ~ 3 转字符
等待 1 秒

01 单击5-3,新建3个随机变量以及添加小黄人蛋对象。

02 按照工作纸上的提示,设置当程序开始时,无限循环执行3组每隔1秒进行数字变量的随机切换的动作。

事件
当程序 开始时
无限循环
设置变量 随机1 的值为 四舍五入 随机数: 1 ~ 3 转字符
设置变量 随机2 的值为 四舍五入 随机数: 1 ~ 3 转字符
设置变量 随机3 的值为 四舍五入 随机数: 1 ~ 3 转字符
如果 随机1 = 随机2 与 随机1 = 随机3 那么
播放 Smile 动画
等待 1 秒

03 在无限循环地切换数字的情况下,设置当随机数字变量1等于变量2与变量1等于变量3时播放笑脸动画。

04 单击右上角的“播放”按钮,当3组随机变量数字相同时,小黄人蛋会播放笑脸动画。

05 保存文档。

课堂提问

当组别上升到3组数字的时候，条件判断的情况是否会发生改变？

代码解释

小黄人蛋

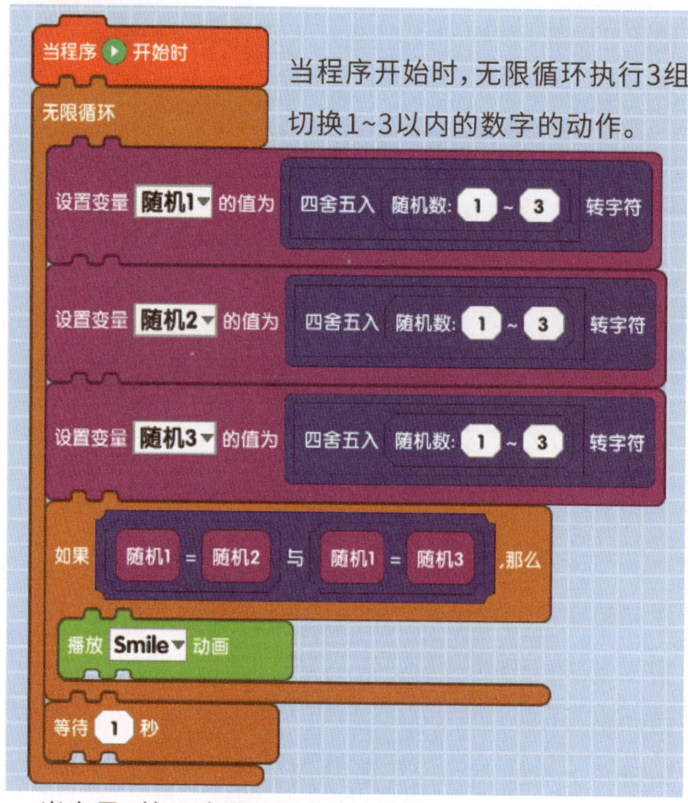
当程序 开始时
无限循环
设置变量 随机1 的值为 四舍五入 随机数: 1 ~ 3 转字符
设置变量 随机2 的值为 四舍五入 随机数: 1 ~ 3 转字符
设置变量 随机3 的值为 四舍五入 随机数: 1 ~ 3 转字符
如果 随机1 = 随机2 与 随机1 = 随机3 ,那么
播放 Smile 动画
等待 1 秒

当程序开始时，无限循环执行3组每隔1秒切换1~3以内的数字的动作。

当变量1等于变量2与变量1等于变量3时，小黄人蛋会播放笑脸动画。

5-4 否则

15 分钟

思维导图

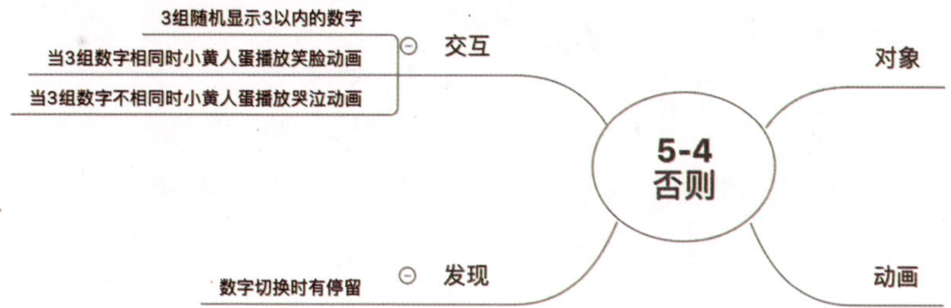

实践效果

01 3组随机显示3以内的数字。

02 当3组数字相同时小黄人蛋播放笑脸动画。

03 当3组数字不相同时小黄人蛋播放哭泣动画。

教学步骤 1~3

备课流程

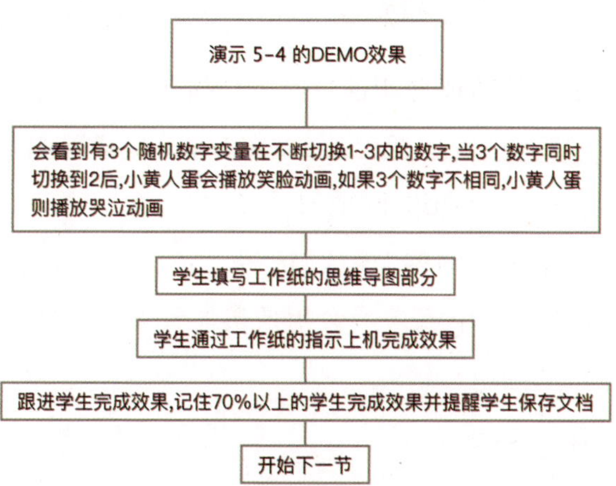

演示 5-4 的DEMO效果
会看到有3个随机数字变量在不断切换1~3内的数字,当3个数字同时切换到2后,小黄人蛋会播放笑脸动画,如果3个数字不相同,小黄人蛋则播放哭泣动画
学生填写工作纸的思维导图部分
学生通过工作纸的指示上机完成效果
跟进学生完成效果,记住70%以上的学生完成效果并提醒学生保存文档
开始下一节

教学步骤

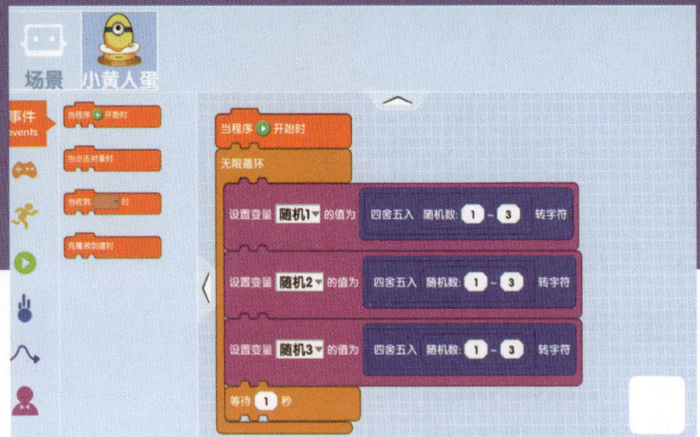

场景
小黄人蛋
事件
events
当程序 开始时
无限循环
设置变量 随机1 的值为 四舍五入 随机数: 1 - 3 转字符
设置变量 随机2 的值为 四舍五入 随机数: 1 - 3 转字符
设置变量 随机3 的值为 四舍五入 随机数: 1 - 3 转字符
等待 1 秒

01 单击5-4,新建3个随机变量以及添加小黄人蛋对象。

02 按照工作纸上的提示,设置当程序开始时,无限循环执行3组每隔1秒进行数字变量的随机切换的动作。

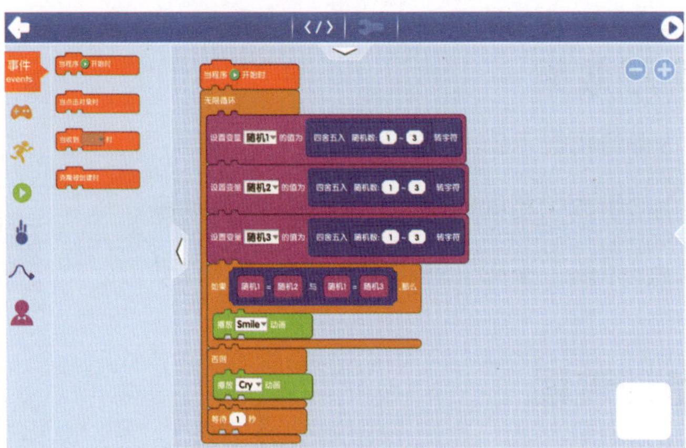

事件
events
当程序 开始时
无限循环
设置变量 随机1 的值为 四舍五入 随机数: 1 - 3 转字符
设置变量 随机2 的值为 四舍五入 随机数: 1 - 3 转字符
设置变量 随机3 的值为 四舍五入 随机数: 1 - 3 转字符
播放 Smile 动画
否则
播放 Cry 动画
等待 1 秒

03 在无限循环地切换数字的情况下,设置当随机数字变量1等于变量2与变量1等于变量3时播放笑脸动画,不相同时播放哭泣动画。

04 单击右上角的"播放"按钮,当3组随机变量数字相同时,小黄人蛋会播放笑脸动画,否则播放哭泣动画。

05 保存文档。

代码解释

小黄人蛋

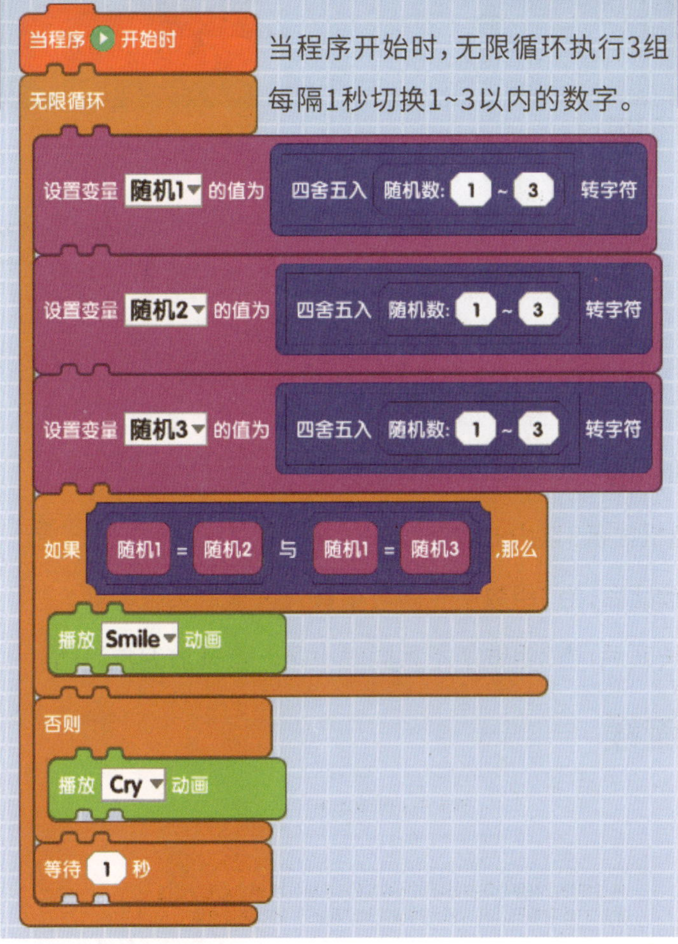

当程序 开始时
当程序开始时，无限循环执行3组
无限循环
每隔1秒切换1~3以内的数字。
设置变量 随机1 的值为 四舍五入 随机数: 1 ~ 3 转字符
设置变量 随机2 的值为 四舍五入 随机数: 1 ~ 3 转字符
设置变量 随机3 的值为 四舍五入 随机数: 1 ~ 3 转字符
如果 随机1 = 随机2 与 随机1 = 随机3 ,那么
播放 Smile 动画
否则
播放 Cry 动画
等待 1 秒

当变量1等于变量2与变量1等于变量3时，小黄人蛋会播放笑脸动画，否则播放哭泣动画。

RANDOM
1
RANDOM
1
RANDOM
1

6-1 完整案例

25 分钟

思维导图

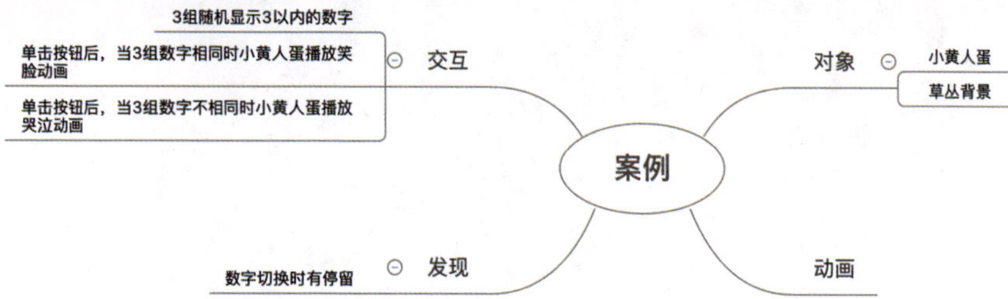
3组随机显示3以内的数字
单击按钮后，当3组数字相同时小黄人蛋播放笑脸动画
单击按钮后，当3组数字不相同时小黄人蛋播放哭泣动画
交互
对象
小黄人蛋
草丛背景
案例
发现
数字切换时有停留
动画

实践效果

01 3组随机显示3以内的数字。

02 单击按钮后，当3组数字相同时小黄人蛋播放笑脸动画。

03 单击按钮后，当3组数字不相同时小黄人蛋播放哭泣动画。

教学步骤1~4

备课流程

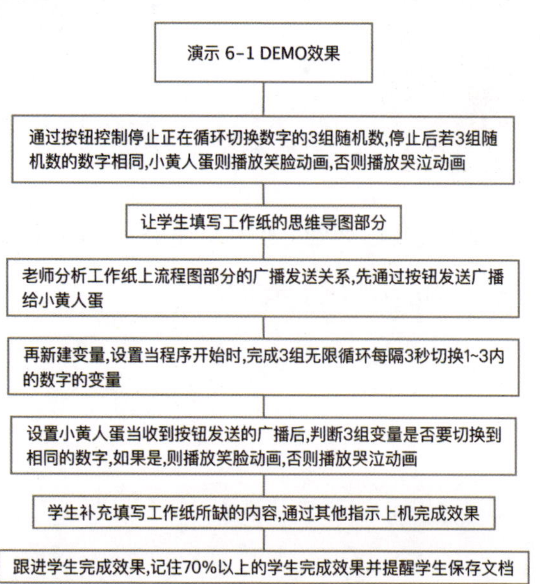
演示 6-1 DEMO效果
通过按钮控制停止正在循环切换数字的3组随机数，停止后若3组随机数的数字相同，小黄人蛋则播放笑脸动画，否则播放哭泣动画
让学生填写工作纸的思维导图部分
老师分析工作纸上流程图部分的广播发送关系，先通过按钮发送广播给小黄人蛋
再新建变量，设置当程序开始时，完成3组无限循环每隔3秒切换1~3内的数字的变量
设置小黄人蛋当收到按钮发送的广播后，判断3组变量是否要切换到相同的数字，如果是，则播放笑脸动画，否则播放哭泣动画
学生补充填写工作纸所缺的内容，通过其他指示上机完成效果
跟进学生完成效果，记住70%以上的学生完成效果并提醒学生保存文档

教学步骤

场景
小黄人蛋
执行任务
事件
events
当程序 开始时
当点击对象时
当收到 时
克隆被创建时
当点击对象时
广播 检测

01 单击6-1,新建3个随机变量以及添加小黄人蛋对象,对场景进行背景图的添加。

02 设置当点击对象时,发送广播“检测”。

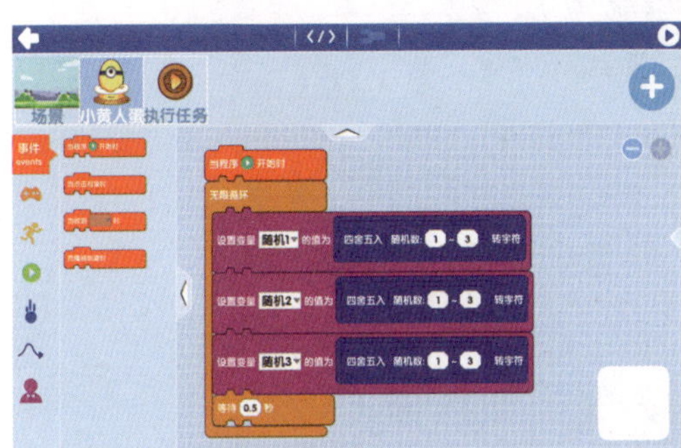
场景
小黄人蛋
执行任务
当程序 开始时
无限循环

03 设置小黄人蛋对象,当程序开始时无限循环执行3组每隔1秒进行数字变量的随机切换的动作。

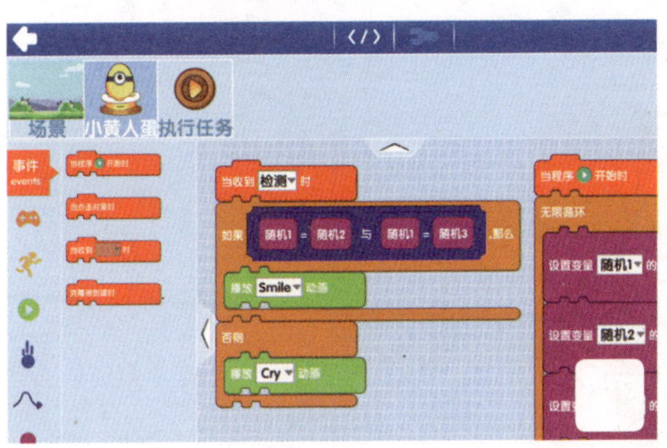
场景
小黄人蛋
执行任务
当收到 检测 时
如果
随机1 = 随机2 与 随机1 = 随机3
那么
播放 Smile 动画
否则
播放 Cry 动画
当程序 开始时
无限循环

04 设置当小黄人蛋对象收到广播“检测”时,检测3组变量的数字是否相同,如果相同,小黄人蛋播放笑脸动画,否则播放哭泣动画。

05 单击右上角的“播放”按钮,单击按钮停止正在切换数字的3组变量,检查3组变量的数字是否相同,如果相同,小黄人蛋播放笑脸动画,否则播放哭泣动画。

06 保存文档。

课堂提问

01 接收消息前需要发送广播吗?发送广播后需要设置接收的对象吗?

02 谁是发送对象?谁是接收对象?

代码解释

执行任务

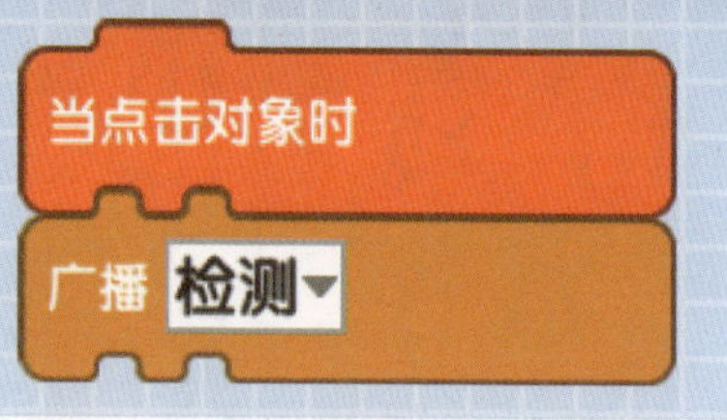
当点击对象时
广播 检测

当点击按钮对象时,发送广播“检测”。

小黄人蛋

设置小黄人蛋对象,当程序开始时无限循环执行3组每隔1秒进行数字变量的随机切换的动作。

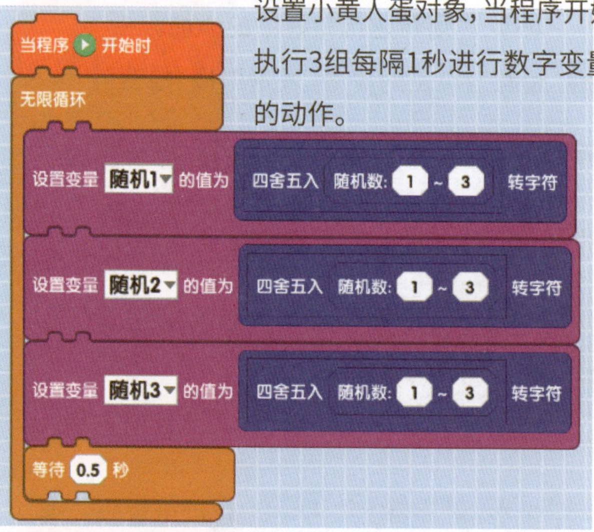
当程序 开始时
无限循环
设置变量 随机1 的值为 四舍五入 随机数: 1 ~ 3 转字符
设置变量 随机2 的值为 四舍五入 随机数: 1 ~ 3 转字符
设置变量 随机3 的值为 四舍五入 随机数: 1 ~ 3 转字符
等待 0.5 秒

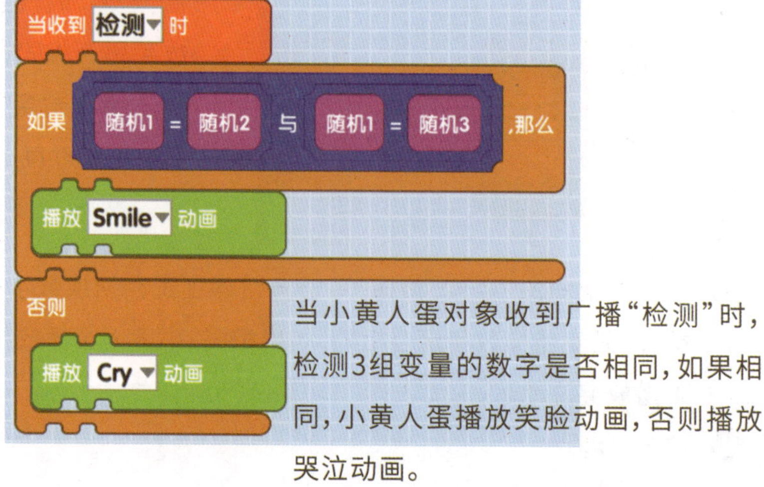
当收到 检测 时
如果 随机1 = 随机2 与 随机1 = 随机3 ,那么
播放 Smile 动画
否则
播放 Cry 动画

当小黄人蛋对象收到广播“检测”时,检测3组变量的数字是否相同,如果相同,小黄人蛋播放笑脸动画,否则播放哭泣动画。

KIDBOT
EDUCATION OF TOMORROW
Brings out the genius in your child
Our team is focused on the development of electronic products more suitable for the new era of children's

附录

编程一分钟，掌握10个主题、116个模块的编程技巧

【主

01 事件——
使指令在项目启动运行时执行
242 页

02 控制——
控制或造成其他事件模块的效果
244 页

03 行动——
控制和显示对象的移动、旋转等
252 页

06 声音——
控制声音的播放
266 页

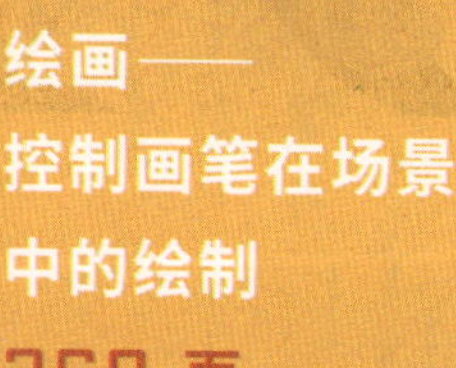

07 绘画——
控制画笔在场景中的绘制
269 页

08 物理——
模拟生活中的物理现象
273 页

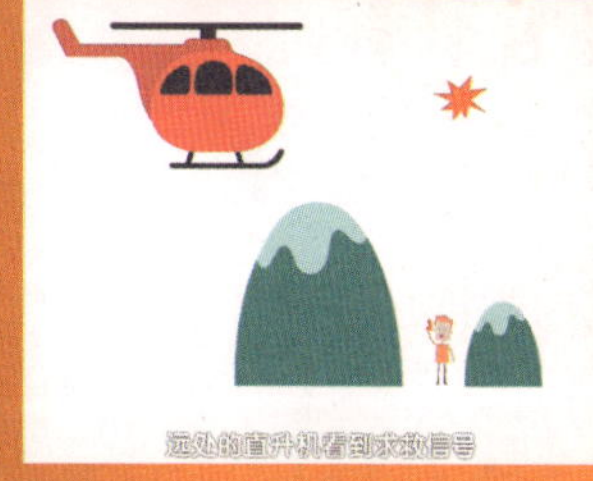
远处的直升机看到求救信号

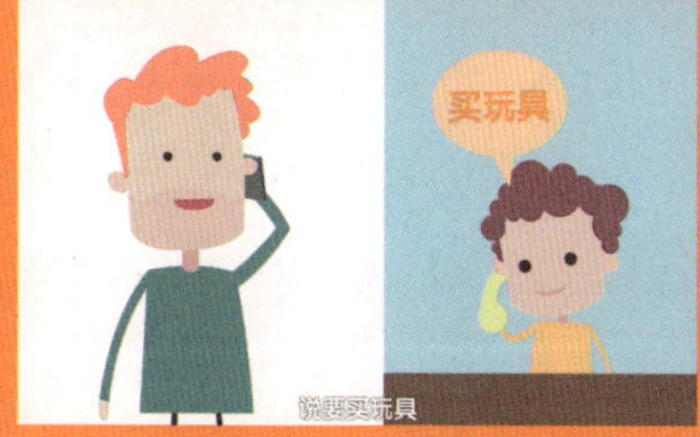
买玩具
说要买玩具

题 】

01 事件——使指令在项目启动运行时执行

事件
events
使指令在项目启动运行时执行。
每个对象在做出动作前都需要添加时间模块里的指令。
当程序 开始时
当点击对象时
当收到 时
克隆被创建时

模 块	功 能
当程序 开始时	当点击“运行”按钮时，程序自动执行模块下的指令动作

编程一分钟	代码解释	视频学习
当程序 开始时 向 上 移动 30 步	设置当程序开始时,对象向上移动30步	

模 块	功 能
当点击对象时	对象被点击后执行模块下的指令动作

编程一分钟	代码解释	视频学习
当点击对象时 向 上 移动 5 步	每次点击对象都会使对象向上移动5步	

模 块	功 能	
当收到 [ ] 时	接收其他模块所广播的一个特定事件	
编程一分钟	代码解释	视频学习
当程序 开始时 广播 事件1 当收到 事件1 时 向 右 移动 5 步	当程序开始时， 广播“事件1”； 当对象收到广播 “事件1”时，控制 对象向右移动5步	

01

模 块	功 能	
克隆被创建时	设置对象被克隆后，克隆对象将会执行的指令	
编程一分钟	代码解释	视频学习
当程序 开始时 克隆 像素飞机 向 右 移动 50 步 克隆被创建时 向 上 移动 50 步	当程序开始时，克隆对象并同时使对象向右移动50步 被克隆的对象向上移动50步	

02 控制——控制或造成其他事件模块的效果

模 块	功 能
无限循环	将事件无限次重复执行

编程一分钟	代码解释	视频学习
当程序 开始时 无限循环 向 上 移动 60 步 向 下 移动 60 步 向 左 移动 60 步 向 右 移动 60 步	当程序开始时， 控制对象不断循环 地向上、下、左、右 各移动60步	

模 块	功 能
跳出当前循环	不再执行循环指令

编程一分钟	代码解释
当程序 开始时 无限循环 向 左 移动 60 步 向 右 移动 60 步 跳出当前循环	设置对象进行无限循环 向左和右各移动50步， 但当向右移动指令执行结束后， 就会跳出当前循环，不再移动， 原先应该无限执行的动作也停止了

模 块	功 能	
等待 0 秒	设置对象等待的秒数	
编程一分钟	代码解释	视频学习
当程序 开始时 等待 3 秒 向 上 移动 30 步	当程序开始时， 对象在等待3秒后 向上移动30步	

模 块	功 能	
循环 0 次	将事件重复执行指定次数	
编程一分钟	代码解释	视频学习
当程序 开始时 循环 5 次 向 左 移动 5 步	当程序开始时， 对象循环5次 向左移动5步	

模 块	功 能	
广播	广播一个设置好的消息给整个程序	
编程一分钟	代码解释	视频学习
当程序 开始时 广播 事件1 当收到 事件1 时 向 右 移动 5 步	当程序开始时， 广播“事件1” 当对象收到广播 “事件1”时，向右 移动5步	

模 块	功 能
如果 0 ,那么	如果满足设置的参数条件，那么就运行模块下的指令

编程一分钟	代码解释	视频学习
	当程序开始时，无限循环检测鼠标是否被按下，如果是，那么对象无限循环向上移动10步	

模 块	功 能
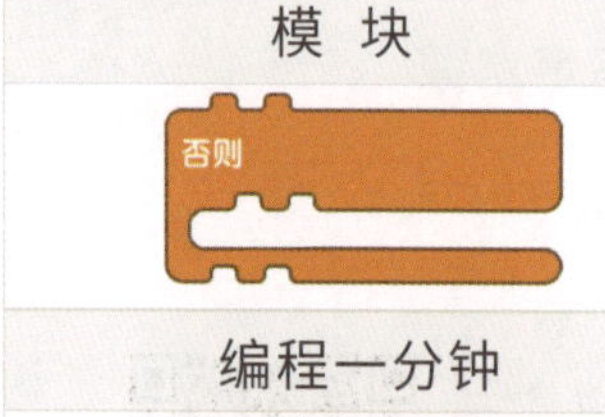	如果满足不了设置的参数，就运行模块下的指令

编程一分钟	代码解释	视频学习
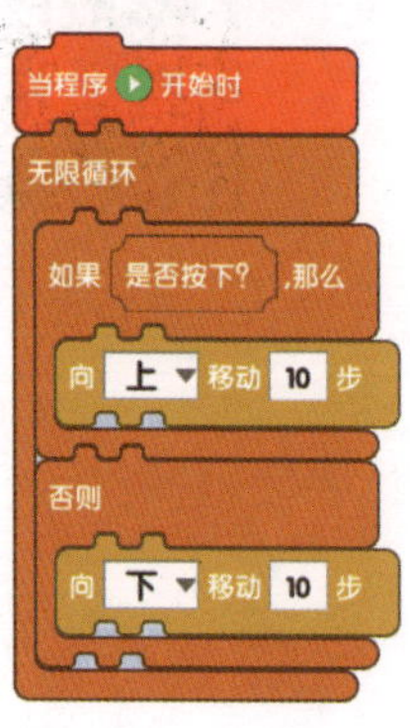	当程序开始时，无限循环检测鼠标是否被按下，如果是，那么对象无限循环向上移动10步，否则，对象一直保持循环向下移动10步	

模块	功能	
克隆 [▾]	可以理解成复制的意思，复制一个指定角色的分身(复制品)放在角色当前的位置	
编程一分钟	**代码解释**	**视频学习**
当程序 ▶ 开始时 克隆 像素飞机▾ 向 右▾ 移动 50 步 克隆被创建时 向 上▾ 移动 50 步	当程序开始时， 克隆对象并同时 使原对象向右移动 50步 被创建的对象分身 向上移动50步	

模块	功能	
删除克隆	将复制出来的角色分身删除	
编程一分钟	**代码解释**	**视频学习**
当程序 ▶ 开始时 克隆 飞碟3▾ 克隆被创建时 向 右▾ 移动 30 步 删除克隆	当程序开始时， 克隆对象(复制分身) 被创建的对象分身 在向右移动30步后 删除对象分身	

模 块	功 能
当 0 时循环	满足设置的参数或条件时， 循环执行模块内的指令
编程一分钟	**代码解释**
当程序 开始时 无限循环 当 是否按下? 时循环 向 上 移动 5 步	当程序开始时， 无限循环检测鼠标是否被按下， 如果是,则对象无限循环向上移动5步

01

模 块	功 能	
在 0 前一直等待	在设置的参数或条件成立之前一直保持等待状态，不发生任何操作	
编程一分钟	**代码解释**	**视频学习**
当程序 开始时 无限循环 在 是否按下? 前一直等待 向 下 移动 10 步	当程序开始时,无限循环检测鼠标是否被按下,如果不是，则对象一直处于等待状态，如果是，则对象无限循环向下移动10步	

模 块	功 能	
广播 [▾] 并等待 (0) 秒	发出一个特定的事件给程序中的所有对象，并在等待预设置的一个时间后继续执行指令	
编程一分钟	代码解释	视频学习
当程序 ▶ 开始时 广播 [向右移动▾] 并等待 (3) 秒 向 [上▾] 移动 (10) 步 当收到 [向右移动▾] 时 向 [右▾] 移动 (10) 步	当程序开始时，对象广播“向右移动”事件并等待3秒，然后向上移动10步 当对象收到“向右移动”的广播后，向右移动10步	

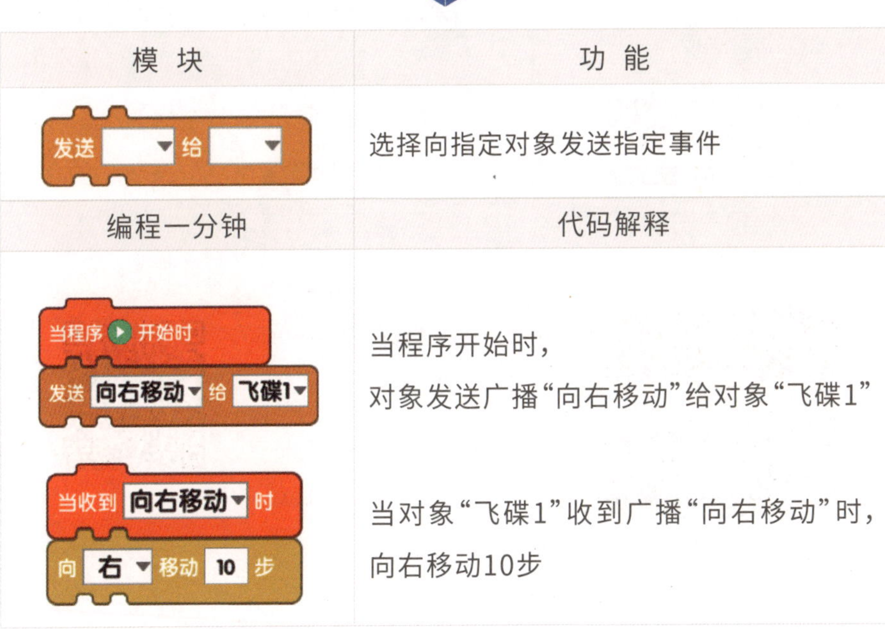

模 块	功 能
发送 [▾] 给 [▾]	选择向指定对象发送指定事件
编程一分钟	代码解释
当程序 ▶ 开始时 发送 [向右移动▾] 给 [飞碟1▾]	当程序开始时， 对象发送广播“向右移动”给对象“飞碟1”
当收到 [向右移动▾] 时 向 [右▾] 移动 (10) 步	当对象“飞碟1”收到广播“向右移动”时，向右移动10步

模 块	功 能
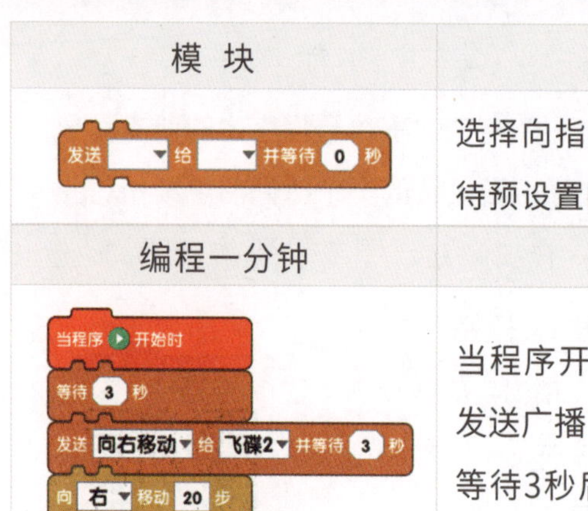	选择向指定对象发送指定广播事件，并在等待预设置的一个时间后继续执行指令
编程一分钟	**代码解释**
当程序开始时 / 等待 3 秒 / 发送 向右移动 给 飞碟2 并等待 3 秒 / 向 右 移动 20 步	当程序开始时，先等待3秒，然后对象执行发送广播“向右移动”事件给对象“飞碟2”，等待3秒后对象“飞碟2”向右移动20步
当收到 向右移动 时 / 向 右 移动 20 步	当对象“飞碟2”收到广播后，向右移动20步

模 块	功 能	
循环直到 0 时停止	当循环达成预设置的参数或条件时，停止执行模块内的指令	
编程一分钟	**代码解释**	**视频学习**
当程序开始时 / 循环直到 是否按下? 时停止 / 向 上 移动 20 步	当程序开始时，检测如果鼠标被按下，对象就停止移动，鼠标在被按下之前，对象则会一直保持循环向上移动20步	

模 块	功 能
是克隆吗?	检测对象是否属于克隆体
编程一分钟	**代码解释**
当程序 ▶ 开始时 克隆 飞碟4	当程序开始时， 克隆对象“飞碟4”的分身
克隆被创建时 向 右 移动 20 步 如果 是克隆吗? ,那么 向 下 移动 20 步	在克隆对象“飞碟4”的分身后， 使分身对象向右移动20步， 同时无限循环检测 如果该对象是克隆对象的分身， 则再让其无限循环向下移动20步

模 块	功 能
最后一个克隆的名字	获取最后一个克隆分身的名字
编程一分钟	**代码解释**
当程序 ▶ 开始时 循环 3 次 克隆 飞碟3	当程序开始时， 循环3次克隆对象“飞碟3”的分身
克隆被创建时 设置变量 克隆名 的值为 最后一个克隆的名字	在“定制”菜单中添加自定义变量并命名“克隆名”，当克隆对象的分身被创建时，把变量“克隆名”的值设置为“最后一个克隆的名字”，运行程序后会看到变量的值为“对象名字后+最后的数量”

模块	功能
是否按下?	检测对象是否被按下
编程一分钟	**代码解释**
当程序 ▶ 开始时 无限循环 如果 是否按下? ,那么 向 上 移动 10 步	当程序开始时, 无限循环检测, 如果鼠标被按下, 那么对象无限循环向上移动10步

03 行动——控制和显示对象的移动、旋转等

行动
motion
控制和显示对象的移动、旋转、位置变化、显示/隐藏等。

01

模块	功能
向 上 移动 0 步	设置8种移动方向及指定的移动步数, 1步等于坐标轴上的1个点
编程一分钟	**代码解释**
当程序 ▶ 开始时 向 上 移动 30 步	当程序开始时,对象向上移动30步

模 块	功 能	
旋转 0 度	设置对象旋转指定的角度(0度为默认顺时针旋转)	
编程一分钟	代码解释	视频学习
当程序 开始时 旋转 30 度	当程序开始时， 对象旋转30度	

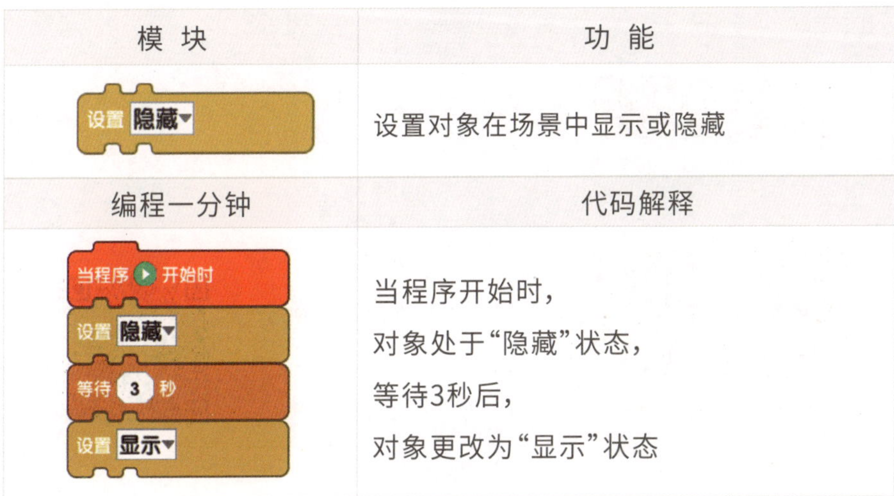

模 块	功 能
设置 隐藏	设置对象在场景中显示或隐藏
编程一分钟	代码解释
当程序 开始时 设置 隐藏 等待 3 秒 设置 显示	当程序开始时， 对象处于“隐藏”状态， 等待3秒后， 对象更改为“显示”状态

模 块	功 能
在 0 秒内围绕点(X: 0 ,Y: 0)旋转 0 度	设置对象在指定时间内围绕指定坐标旋转指定度数
编程一分钟	代码解释
当程序 开始时 在 2 秒内围绕点(X: 30 ,Y: 0)旋转 360 度	当程序开始时， 对象在2秒内围绕点(30,0)旋转360度

模 块	功 能
在 0 秒内围绕 [ ] 旋转 0 度	设置对象在指定时间内围绕指定对象旋转指定度数
编程一分钟	**代码解释**
当程序 ▶ 开始时 在 3 秒内围绕 飞碟2 旋转 360 度	新建2个或2个以上的对象， 当程序开始时， “对象1”在3秒内围绕“对象2”旋转360度

模 块	功 能	
设置坐标X: 0	设置对象出现在X轴的指定位置	
编程一分钟	**代码解释**	**视频学习**
当程序 ▶ 开始时 等待 2 秒 设置坐标X: 30	当程序开始时， 对象先等待2秒， 然后从原来的位置定位到坐标为(30,0)的位置	

模 块	功 能	
设置坐标Y: 0	设置对象出现在Y轴的指定位置	
编程一分钟	**代码解释**	**视频学习**
当程序 ▶ 开始时 等待 2 秒 设置坐标Y: 30	当程序开始时， 对象先等待2秒， 然后从原来的位置定位到坐标为(0,30)的位置	

模 块	功 能
朝向 0 度	设置对象按顺时针方向旋转的角度
编程一分钟	**代码解释**
当程序 ▶ 开始时 朝向 45 度 等待 3 秒 朝向 90 度 等待 3 秒 朝向 135 度	当程序开始时，对象先朝向45度旋转， 等待3秒后，再朝向90度旋转， 等待3秒后，再朝向135度旋转， 注意，模块按顺时针方向计算角度

01

模 块	功 能	
朝向 ▼	设置对象朝向指定对象旋转	
编程一分钟	**代码解释**	**视频学习**
当程序 ▶ 开始时 朝向 飞碟2 ▼ 移动 30 步	当程序开始时，对象朝向对象“飞碟2”旋转，然后朝着对象“飞碟2”移动30步	

01

模 块	功 能
朝向（X: 0 ,Y: 0 ）	设置对象朝向指定的坐标旋转
编程一分钟	**代码解释**
当程序 ▶ 开始时 朝向（X: 30 ,Y: 50 ）	当程序开始时，对象朝向坐标轴(30,50)旋转(以对象中心点为准，中心点发生改变后，即使朝向相同的坐标，对象旋转的角度也会发生改变)

模 块	功 能
移动 0 步	设置对象移动指定步数(默认向右移动)
编程一分钟	**代码解释**
当程序 ▶ 开始时 移动 30 步	当程序开始时, 对象移动30步
当程序 ▶ 开始时 朝向 飞碟1▾ 移动 30 步	该模块默认使对象向右移动30步, 一般搭配“朝向”模块同时使用

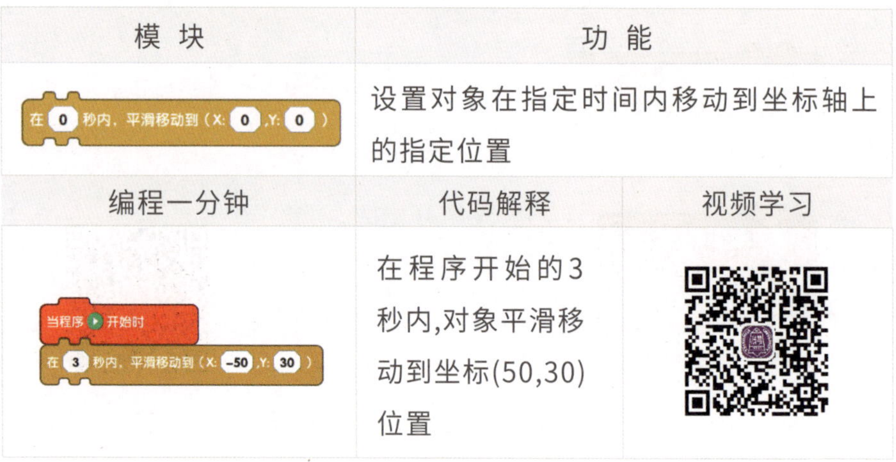

模 块	功 能	
在 0 秒内,平滑移动到(X: 0 ,Y: 0)	设置对象在指定时间内移动到坐标轴上的指定位置	
编程一分钟	**代码解释**	**视频学习**
当程序 ▶ 开始时 在 3 秒内,平滑移动到(X: -50 ,Y: 30)	在程序开始的3秒内,对象平滑移动到坐标(50,30)位置	

模 块	功 能	
X坐标增加 0	设置对象的X轴坐标增加指定数值	
编程一分钟	**代码解释**	**视频学习**
当程序 ▶ 开始时 等待 2 秒 X坐标增加 50	当程序开始时,对象先等待2秒,然后移动到在原来的X轴坐标上增加50的位置	

模 块	功 能
Y坐标增加 0	设置对象的Y轴坐标增加指定数值

编程一分钟	代码解释	视频学习
当程序 ▶ 开始时 等待 3 秒 Y坐标增加 50	当程序开始时，对象先等待2秒，然后移动到在原来的Y轴坐标上增加50的位置	

模 块	功 能
移动到(X: 0 ,Y: 0)	控制对象定位到坐标轴上的指定位置

编程一分钟	代码解释	视频学习
当程序 ▶ 开始时 移动到(X: 30 ,Y: 50)	当程序开始时，对象移动到坐标(30,50)	

模 块	功 能
向左旋转 0 度	控制对象向左旋转指定度数

编程一分钟	代码解释	视频学习
当程序 ▶ 开始时 向左旋转 90 度	当程序开始时，对象向左旋转90度(计算方式为以对象为中心点)	

模 块	功 能	
向右旋转 0 度	控制对象向右旋转指定度数	
编程一分钟	代码解释	视频学习
当程序 ▶ 开始时 向右旋转 45 度	当程序开始时， 对象向右旋转45度 (计算方式为以对象为中心点)	

模 块	功 能
角色 ▼ 的x坐标	获取指定对象X轴坐标
编程一分钟	代码解释
当程序 ▶ 开始时 设置坐标X: 角色 飞碟4 ▼ 的x坐标	当程序开始时，“对象1”的X轴坐标跟随“对象2”的X轴坐标移动(该模块有着跟随对象坐标的作用，需要搭配模块同时使用，其自身不能直接连接模块)

模 块	功 能
角色 ▼ 的y坐标	获取指定对象Y轴坐标
编程一分钟	代码解释
当程序 ▶ 开始时 设置坐标Y: 角色 飞碟4 ▼ 的y坐标	当程序开始时，“对象1”的Y轴坐标跟随“对象2”的Y轴坐标移动(这个模块有着跟随对象坐标的作用，需要搭配模块同时使用，其自身不能直接连接模块)

模 块	功 能	
角色自身x坐标	获取对象的X轴坐标	
编程一分钟	**代码解释**	**视频学习**
当程序 开始时 如果 角色自身x坐标 ≥ 0 ,那么 向 上 移动 10 步	当程序开始时, 如果角色自身的X轴坐标大于或等于0,那么对象就向上移动10步	

模 块	功 能	
角色自身y坐标	获取对象的Y轴坐标	
编程一分钟	**代码解释**	**视频学习**
当程序 开始时 如果 角色自身y坐标 ≥ 0 ,那么 向 上 移动 10 步	当程序开始时, 如果角色自身的Y轴坐标大于或等于0,那么对象就向上移动10步	

模 块	功 能
角色朝向	获取对象在场景中目前朝向的角度
编程一分钟	**代码解释**
当程序 开始时 如果 角色朝向 > 2 ,那么 向 上 移动 10 步	当程序开始时, 如果角色朝向的角度大于2度, 那么对象就向上移动10步 (该模块不能直接使用,需要搭配对应形状的模块嵌套使用)

模 块	功 能
触摸点的x坐标	获取用户在场景中点击的X轴坐标
编程一分钟	**代码解释**
当程序 开始时 无限循环 如果 是否按下? ,那么 移动到(X: 触摸点的x坐标 ,Y: 0)	当程序开始时,无限循环检测鼠标是否被按下,如果是,那么对象移动到鼠标所按下的X轴坐标的位置,对象只能横向移动(该模块不能直接使用,需要搭配对应形状的模块嵌套使用)

模 块	功 能
触摸点的y坐标	获取用户在场景中点击的Y轴坐标
编程一分钟	**代码解释**
当程序 开始时 无限循环 如果 是否按下? ,那么 移动到(X: 触摸点的x坐标 ,Y: 触摸点的y坐标)	触摸点的XY搭配使用,就会产生此效果。当程序开始时,无限循环检测鼠标是否被按下,如果是,那么对象移动到鼠标所按下的坐标的位置,这样对象就能紧贴着触摸点移动,就像跟着走一样(该模块不能直接使用,需要搭配对应形状的模块嵌套使用)

04 动画——控制对象播放动画

模 块	功 能
播放 [▾] 动画	选择对象已有的指定动画并播放

编程一分钟	代码解释	视频学习
当程序 ▶ 开始时 播放 Disappear ▾ 动画	当程序开始时, 控制角色播放消失 (Disappear)动画	

模 块	功 能
设置透明度 0 %	设置对象在场景中的透明程度

编程一分钟	代码解释
当程序 ▶ 开始时 等待 2 秒 设置透明度 50 % 等待 2 秒 设置透明度 100 %	当程序开始时, 对象等待2秒后将透明度降低为50%, 再等待2秒后将透明度提升为100%

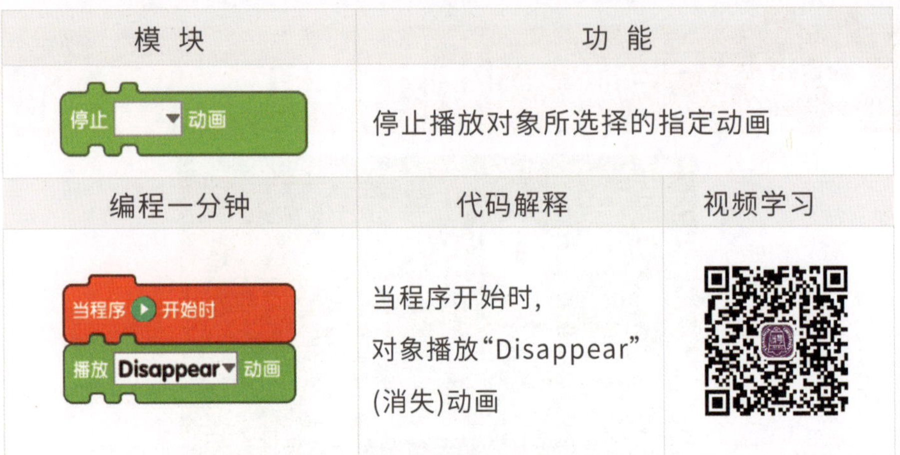

模 块	功 能	
停止 [▼] 动画	停止播放对象所选择的指定动画	
编程一分钟	代码解释	视频学习
当程序 ▶ 开始时 播放 Disappear▼ 动画	当程序开始时， 对象播放“Disappear” (消失)动画	

01

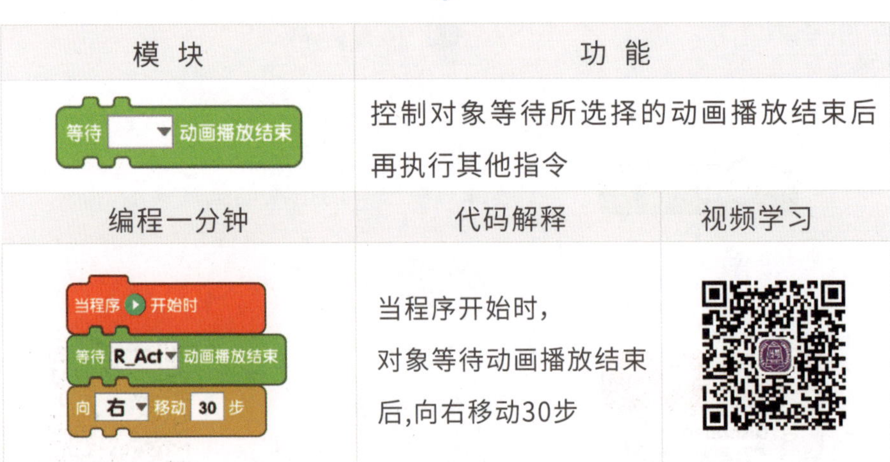

模 块	功 能	
等待 [▼] 动画播放结束	控制对象等待所选择的动画播放结束后再执行其他指令	
编程一分钟	代码解释	视频学习
当程序 ▶ 开始时 等待 R_Act▼ 动画播放结束 向 右▼ 移动 30 步	当程序开始时， 对象等待动画播放结束 后，向右移动30步	

01

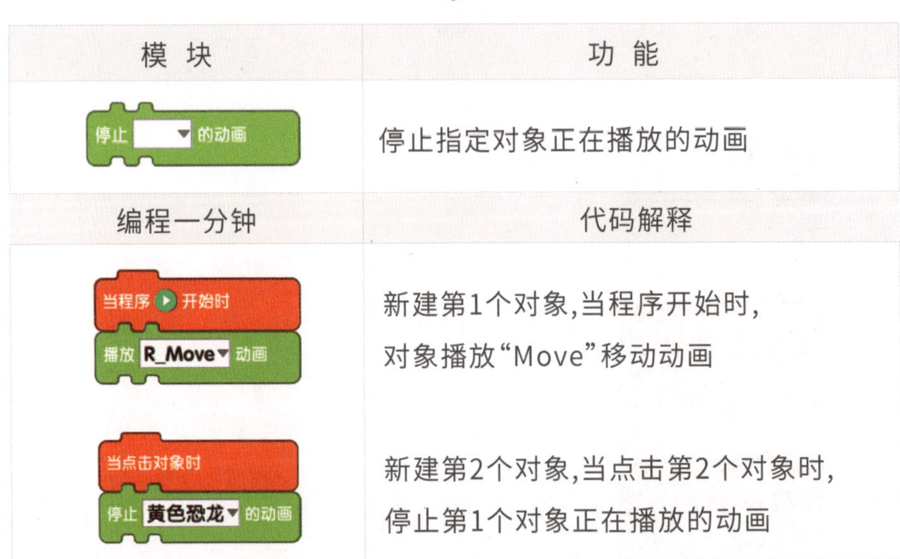

模 块	功 能
停止 [▼] 的动画	停止指定对象正在播放的动画
编程一分钟	代码解释
当程序 ▶ 开始时 播放 R_Move▼ 动画	新建第1个对象，当程序开始时， 对象播放“Move”移动动画
当点击对象时 停止 黄色恐龙▼ 的动画	新建第2个对象，当点击第2个对象时， 停止第1个对象正在播放的动画

05 外观——改变对象的外观、大小和显示对话框

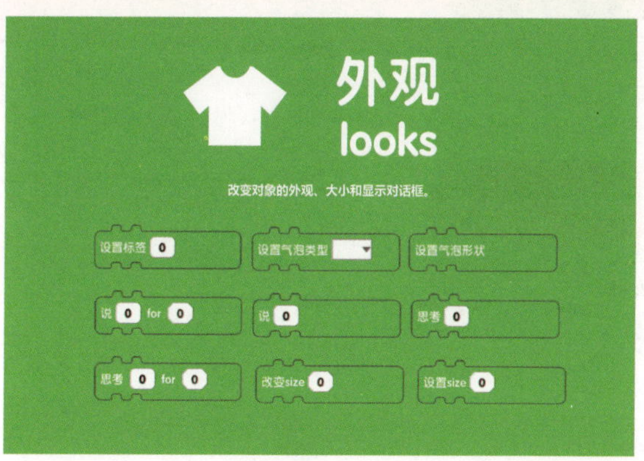

模 块	功 能
设置气泡类型	设置对话框气泡的外型样式
编程一分钟	**代码解释**
当程序 开始时 设置气泡类型 气泡1 说 hello	当程序开始时, 对话框的气泡类型是“气泡1”, 搭配的对白为“hello” (该模块需要搭配“说话内容”模块,否则看不到对话框的效果)

模 块	功 能
说 0 for 0	设置对话框显示的文字内容和对话框的停留时间(使对象说话的内容持续显示)
编程一分钟	**代码解释**
当程序 开始时 说 helloworld for 5	当程序开始时, 对象弹出“helloworld”对话框, 保持5秒后再消失

模 块	功 能
说 0	设置对话框显示的文字内容(使对象说话的内容持续显示)
编程一分钟	**代码解释**
当程序 ▶ 开始时 说 helloworld	当程序开始时， 对象弹出“helloworld”对话框 并持续出现

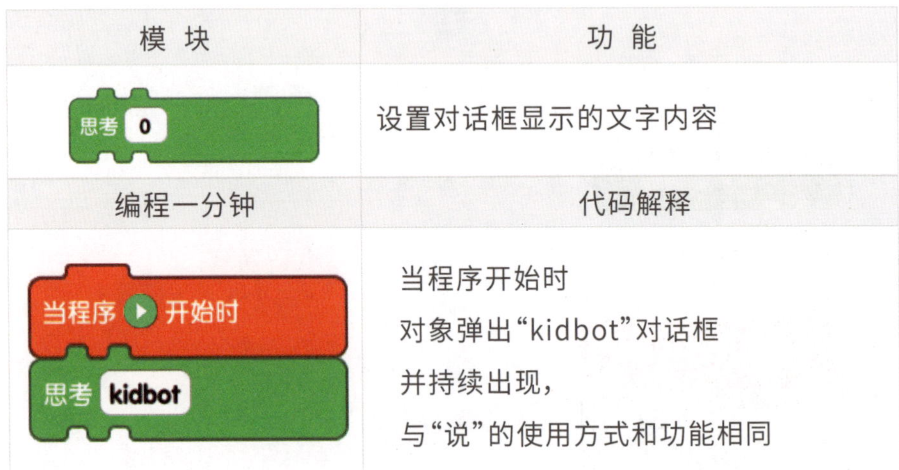

模 块	功 能
思考 0	设置对话框显示的文字内容
编程一分钟	**代码解释**
当程序 ▶ 开始时 思考 kidbot	当程序开始时 对象弹出“kidbot”对话框 并持续出现， 与“说”的使用方式和功能相同

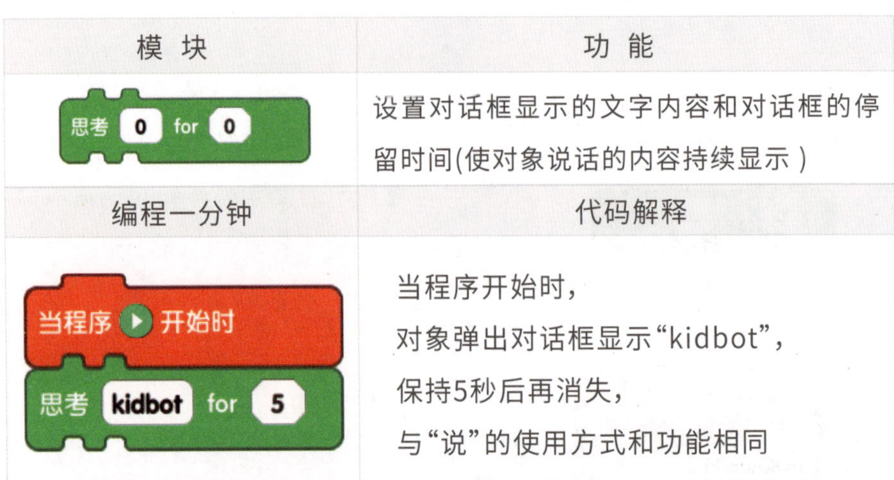

模 块	功 能
思考 0 for 0	设置对话框显示的文字内容和对话框的停留时间(使对象说话的内容持续显示)
编程一分钟	**代码解释**
当程序 ▶ 开始时 思考 kidbot for 5	当程序开始时， 对象弹出对话框显示“kidbot”， 保持5秒后再消失， 与“说”的使用方式和功能相同

模 块	功 能
改变size 0	改变对象在场景中的大小
编程一分钟	**代码解释**
当程序 ▶ 开始时 改变size 30 等待 2 秒 改变size -30	当程序开始时,对象的大小增加30, 等待2秒后,对象的大小减少30 (如果要重置回原来的大小,改变size的数值需要相加后等于0)

模 块	功 能
设置size 0	设置对象在场景中的大小
编程一分钟	**代码解释**
当程序 ▶ 开始时 等待 2 秒 设置size 100 等待 2 秒 设置size 50	当程序开始时,对象等待2秒后, 对象的大小被设置为100,再等待2秒后, 对象的大小被设置为50 (该模块的size初始值为100)

06 声音——控制声音的播放

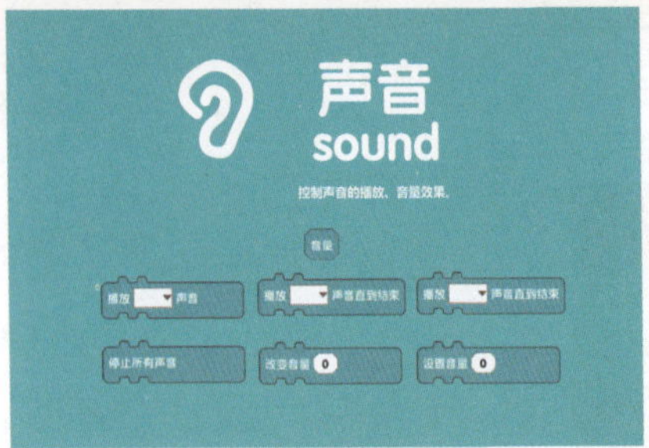

01

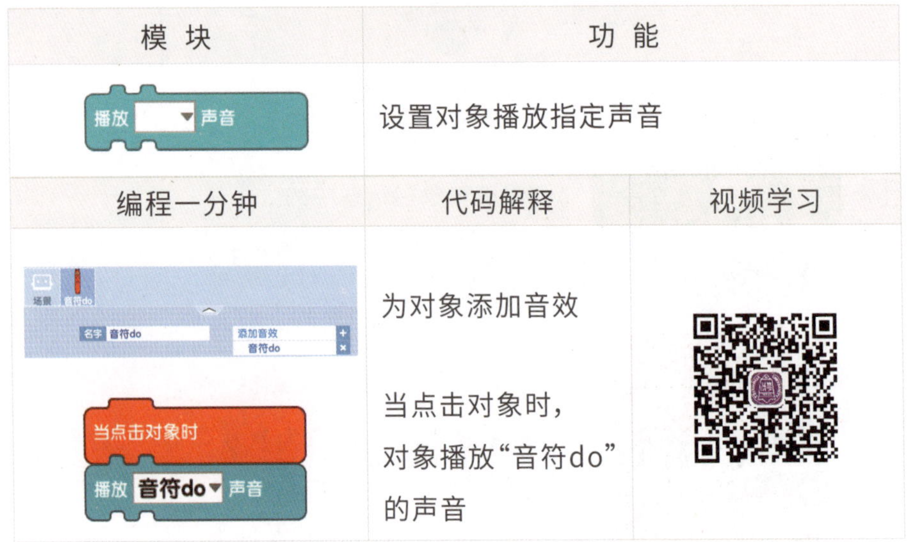

模块	功能	
播放 [ ] 声音	设置对象播放指定声音	
编程一分钟	代码解释	视频学习
名字 音符do；添加音效 音符do	为对象添加音效	
当点击对象时 播放 音符do 声音	当点击对象时，对象播放“音符do”的声音	

模块	功能	
播放 [ ] 声音直到结束	设置对象播放指定声音，播放结束后再执行下一段指令	
编程一分钟	代码解释	视频学习
名字 音符do；添加音效 音符do	为对象添加音效	
当程序 ▶ 开始时 播放 音符do 声音直到结束	当点击对象时，对象播放“音符do”的声音直到结束	

模块	功能
 停止所有声音	停止场景中所有正在播放的声音
编程一分钟	**代码解释**
 当程序 ▶ 开始时 广播 声音 广播 停止 播放 音符do 声音	当程序开始时， 广播“声音”和“停止”事件给所有对象， 然后播放“音符do”的声音
 当收到 声音 时 播放 音符re 声音	当对象收到广播“声音”时， 播放“音符re”的声音
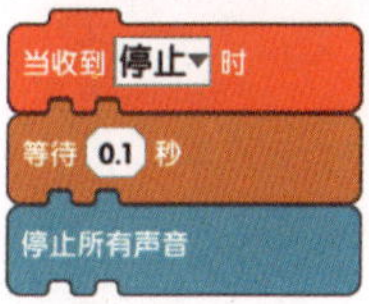 当收到 停止 时 等待 0.1 秒 停止所有声音	当对象收到广播“停止”时， 等待0.1秒后停止所有正在播放的声音 (设置0.1秒的等待时间是为了快速看到模块的效果)

模块	功能
改变音量 0	增加或者减少播放的音量增
编程一分钟	**代码解释**
当程序 ▶ 开始时 广播 声音 播放 音符do 声音	当程序开始时， 广播“声音”事件给所有对象， 然后播放“音符do”的声音
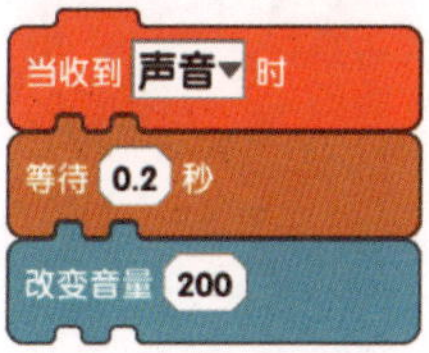 当收到 声音 时 等待 0.2 秒 改变音量 200	当对象收到广播“音符re”时， 等待0.2秒后把当前的音量设置为200

模 块	功 能
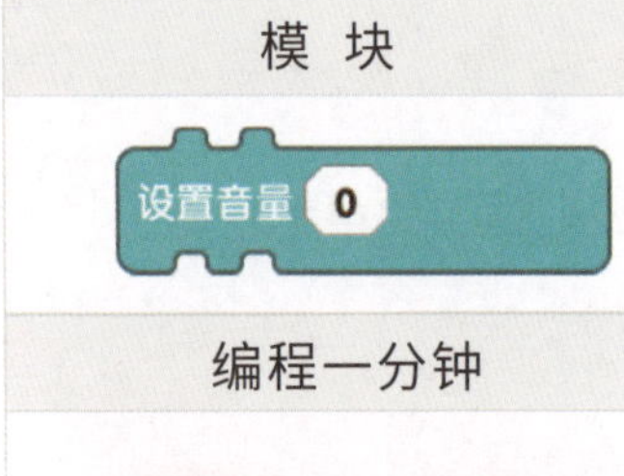	设置播放的音量
编程一分钟	**代码解释**
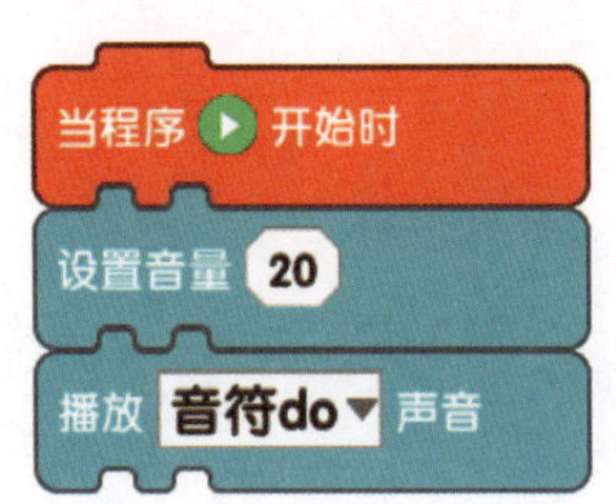	当程序开始时,设置当前的音量为20,然后播放“音符do”的声音 (模块的数值从0开始,数值越小声音越小,为了不发出太大的声音,数值的大小被设置成有限控制)

模 块	功 能
音量	获取声音的当前音量
编程一分钟	**代码解释**
当程序 开始时 设置音量 11 播放 音符do 声音 广播 声音	当程序开始时, 设置当前音量为11, 然后对象播放“音符do”的声音, 并广播“声音”事件给所有对象
当收到 声音 时 如果 音量 > 10 ,那么 播放 音符re 声音	当对象收到“声音”广播时, 如果当前的音量大于11,那么播放“音符re”的声音 (此模块不能单独使用,需要配合对应的形状嵌套)

07 绘画——控制画笔在场景中的绘制

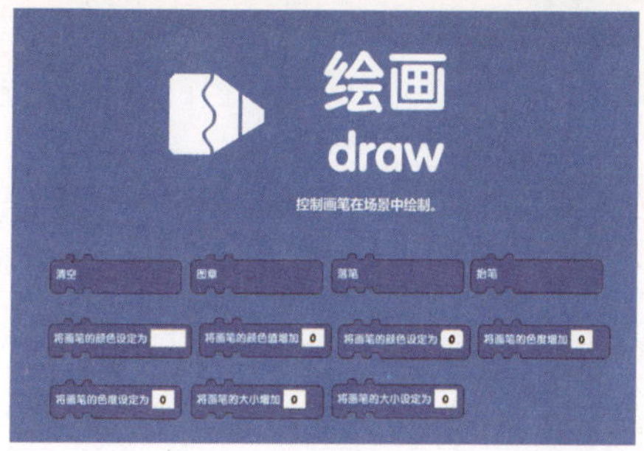

模块	功能
清空	清空场景中所有已绘制的内容
编程一分钟	**代码解释**
当程序 ▶ 开始时 落笔 向 右 ▾ 移动 30 步 等待 1 秒 清空	当程序开始时， 对象进行落笔， 然后向右移动30步， 等待1秒后， 清空场景中所有已绘制的内容

模块	功能
落笔	设置画笔开始在场景中画线条
编程一分钟	**代码解释**
当程序 ▶ 开始时 落笔 向 右 ▾ 移动 30 步	当程序开始时， 对象进行落笔， 然后向右移动30步

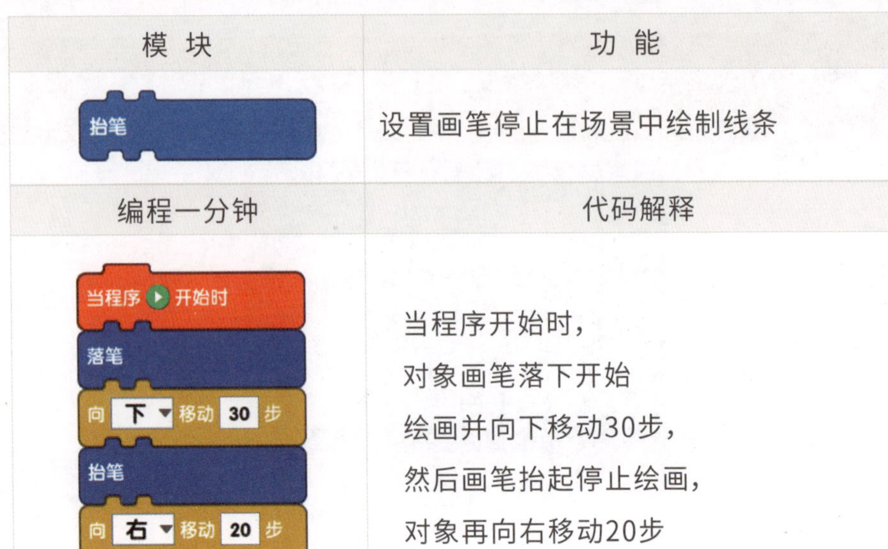

模 块	功 能
抬笔	设置画笔停止在场景中绘制线条
编程一分钟	**代码解释**
当程序▶开始时 落笔 向 下 ▾ 移动 30 步 抬笔 向 右 ▾ 移动 20 步	当程序开始时， 对象画笔落下开始 绘画并向下移动30步， 然后画笔抬起停止绘画， 对象再向右移动20步

模 块	功 能
将画笔的颜色设定为	更改画笔在绘制线条时的颜色
编程一分钟	**代码解释**
当程序▶开始时 落笔 将画笔的颜色设定为 向 右 ▾ 移动 30 步	当程序开始时， 对象画笔落下开始绘画， 将画笔的颜色设定为红色， 再向右移动30步
	设置颜色的时候可以随意拖曳 R、G、B的竖条以改变颜色

模 块	功 能
将画笔的颜色值增加 0	设置在已经选择的颜色的基础上通过增加颜色值从而改变颜色
编程一分钟	**代码解释**
当程序开始时 落笔 将画笔的颜色设定为 无限循环 向 右 移动 10 步 将画笔的颜色值增加 50	当程序开始时,对象画笔落下开始绘画并将画笔的颜色设置为白色, 再无限循环执行向右移动10步和将画笔的颜色值增加50 (这样能够使每10步所画出的线条都是不同颜色的)

模 块	功 能
将画笔的色度增加 0	设置在已经选择的颜色的基础上通过增加色度从而改变颜色
编程一分钟	**代码解释**
当程序开始时 落笔 将画笔的颜色设定为 将画笔的色度增加 40 向 上 移动 30 步	当程序开始时,画笔落下开始绘画并将画笔的颜色设定为红色, 再把画笔的色度增加40,最后向上移动30步 (使用该模块之前,需要先设定画笔的颜色,否则是没有效果的,填写的数值越大,颜色的亮度就越高)

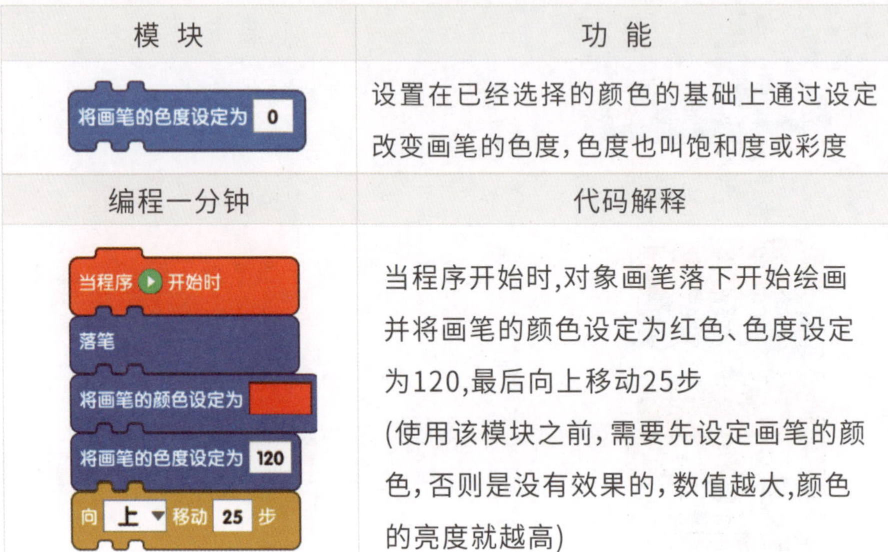

模 块	功 能
将画笔的色度设定为 0	设置在已经选择的颜色的基础上通过设定改变画笔的色度，色度也叫饱和度或彩度
编程一分钟	**代码解释**
当程序 ▶ 开始时 落笔 将画笔的颜色设定为 ■ 将画笔的色度设定为 120 向 上 ▾ 移动 25 步	当程序开始时，对象画笔落下开始绘画并将画笔的颜色设定为红色、色度设定为120，最后向上移动25步 (使用该模块之前，需要先设定画笔的颜色，否则是没有效果的，数值越大，颜色的亮度就越高)

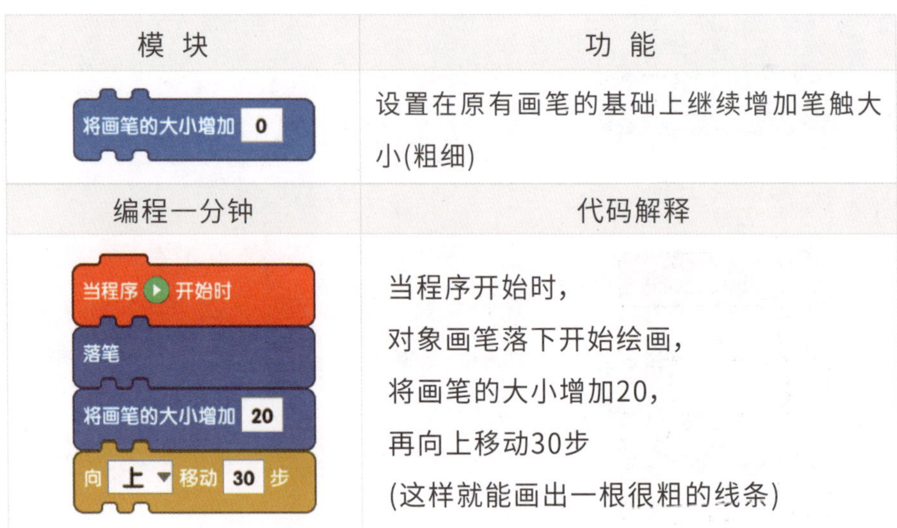

模 块	功 能
将画笔的大小增加 0	设置在原有画笔的基础上继续增加笔触大小(粗细)
编程一分钟	**代码解释**
当程序 ▶ 开始时 落笔 将画笔的大小增加 20 向 上 ▾ 移动 30 步	当程序开始时， 对象画笔落下开始绘画， 将画笔的大小增加20， 再向上移动30步 (这样就能画出一根很粗的线条)

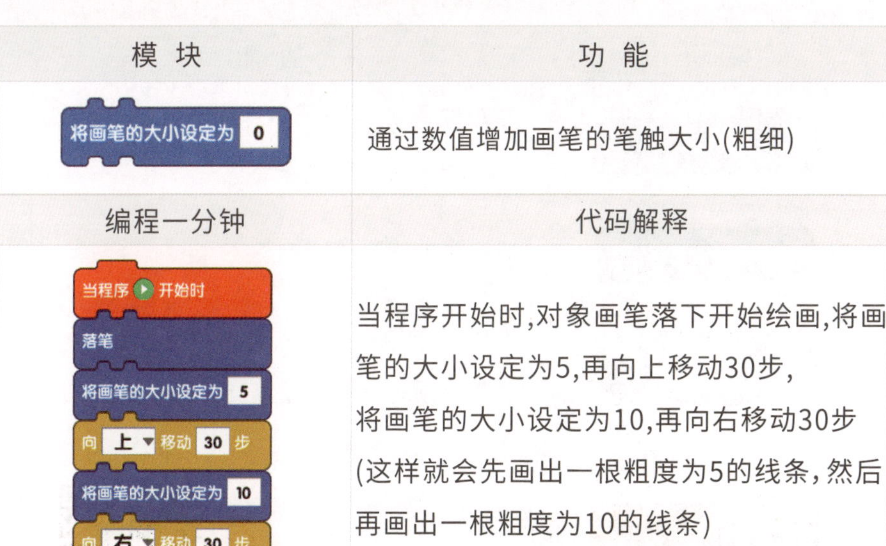

模 块	功 能
将画笔的大小设定为 0	通过数值增加画笔的笔触大小(粗细)
编程一分钟	**代码解释**
当程序 开始时 落笔 将画笔的大小设定为 5 向 上 移动 30 步 将画笔的大小设定为 10 向 右 移动 30 步	当程序开始时,对象画笔落下开始绘画,将画笔的大小设定为5,再向上移动30步, 将画笔的大小设定为10,再向右移动30步 (这样就会先画出一根粗度为5的线条,然后再画出一根粗度为10的线条)

08 物理——模拟生活中的物理现象

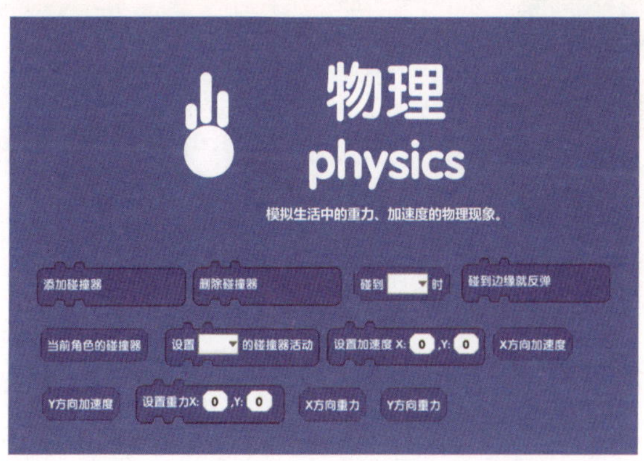

模 块	功 能
	为对象添加碰撞器以模拟现实中物体在接触时产生的碰撞效果
	把已添加的碰撞器删除
	设置对象和被选对象进行碰撞（需要碰撞的对象必须先添加碰撞器）

编程一分钟	代码解释	视频学习
	新建2个对象，被碰撞的对象在程序开始时添加碰撞器	
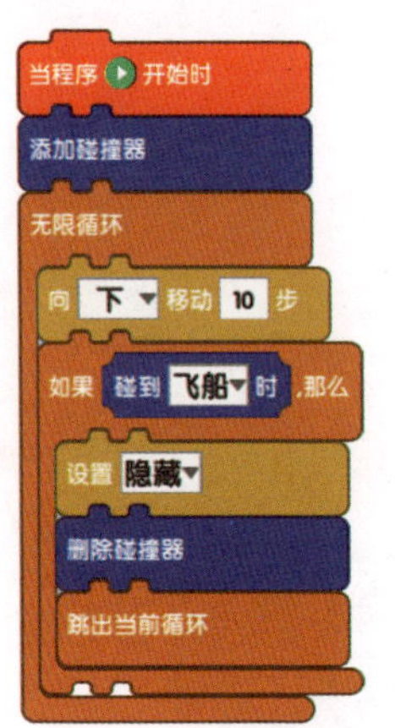	对碰撞对象设置当程序开始时添加碰撞器， 无限循环执行向下移动10步， 如果碰到被选对象，那么就将 去碰撞的对象设置为隐藏， 并删除碰撞器，最后跳出当前循环 （要想产生碰撞效果，碰撞双方都需要添加碰撞器，否则不会产生碰撞效果） （如果碰撞后需要产生消失效果，则需要删除去碰撞对象或被碰撞对象的碰撞器）	

模 块	功 能
碰到边缘就反弹	设置对象在移动到场景边缘的时候执行反弹动作
编程一分钟	**代码解释**
当程序 ▶ 开始时 添加碰撞器 碰到边缘就反弹 设置加速度 X: 10000 ,Y: 10000	当程序开始时， 添加碰撞器， 对象碰到边缘就反弹， 同时设置加速度的数值为X10000，Y10000

模 块	功 能
设置加速度 X: 0 ,Y: 0	改变对象在X轴和Y轴上的加速度
编程一分钟	**代码解释**
当程序 ▶ 开始时 添加碰撞器 设置加速度 X: 50000 ,Y: 50000	当程序开始时，添加碰撞器， 加速度的数值为X50000,Y50000 (运行结果为对象在碰撞一次之后，移动速度会减慢下来)

模 块	功 能
X方向加速度	获取对象在X方向的加速度
编程一分钟	代码解释
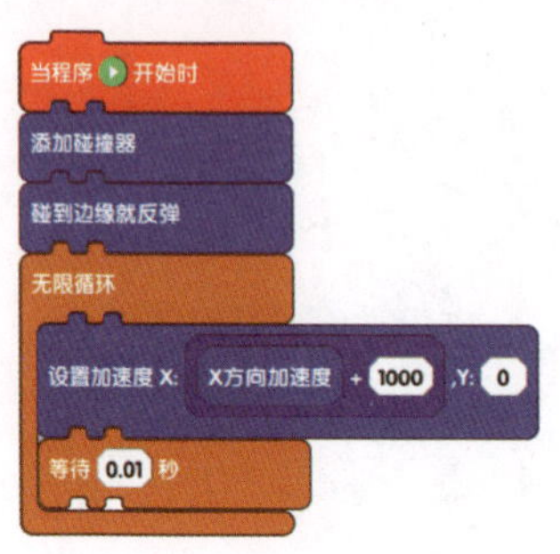	当程序开始时,添加碰撞器,对象碰到边缘就反弹,无限循环对象在X方向上的加速度每0.01秒在当前基础上再增加1000(该模块不能单独使用,需要对应形状的模块结合使用)

模 块	功 能
Y方向加速度	获取对象在Y方向的加速度
编程一分钟	代码解释
当程序 开始时 添加碰撞器 碰到边缘就反弹 无限循环 设置加速度 X: 0 ,Y: Y方向加速度 + 1000 等待 0.01 秒	当程序开始时,添加碰撞器,对象碰到边缘就反弹,无限循环对象在Y方向上的加速度每0.01秒在当前基础上再增加1000(该模块不能单独使用,需要对应形状的模块结合使用)

模 块	功 能
设置重力X: 0 ,Y: 0	设置对象在X方向和Y方向上的重力
编程一分钟	**代码解释**
当程序 开始时 添加碰撞器 碰到边缘就反弹 设置重力X: 10000 ,Y: 10000	当程序开始时， 添加碰撞器，对象碰到边缘就反弹， 并将X方向的重力设置为10000， Y方向的重力设置为10000

模 块	功 能
X方向重力	获取对象在X方向上的重力
编程一分钟	**代码解释**
当程序 开始时 添加碰撞器 碰到边缘就反弹 无限循环 设置重力X: X方向重力 + 50 ,Y: 0 等待 0.01 秒	当程序开始时， 添加碰撞器，对象碰到边缘就反弹， 无限循环使对象X方向的重力每0.01秒就在当前的基础上再增加50 (该模块不能单独使用，需要添加对应形状的模块结合使用)

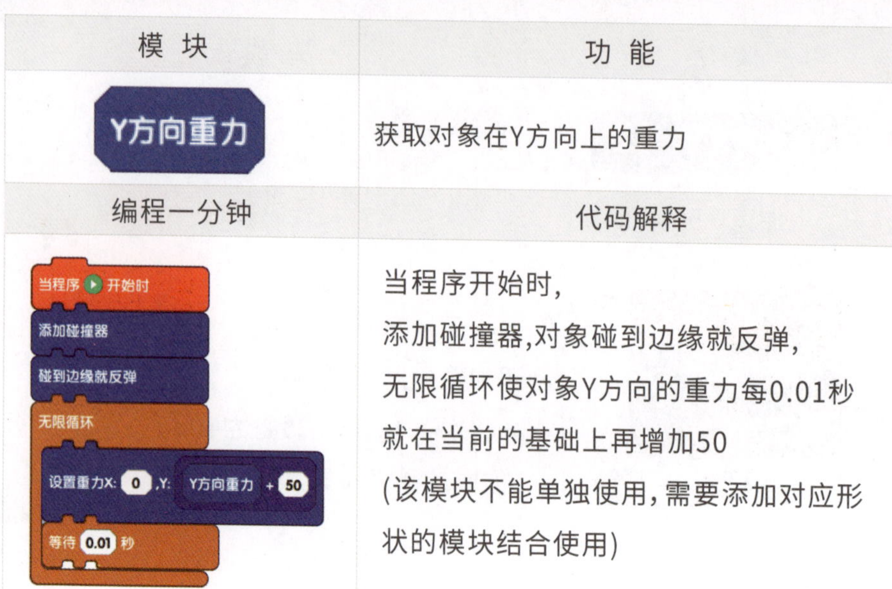

模 块	功 能
Y方向重力	获取对象在Y方向上的重力
编程一分钟	代码解释
当程序 开始时 添加碰撞器 碰到边缘就反弹 无限循环 设置重力X: 0 ,Y: Y方向重力 + 50 等待 0.01 秒	当程序开始时， 添加碰撞器，对象碰到边缘就反弹， 无限循环使对象Y方向的重力每0.01秒就在当前的基础上再增加50 (该模块不能单独使用，需要添加对应形状的模块结合使用)

09 变量——进行数学运算或数值的转换

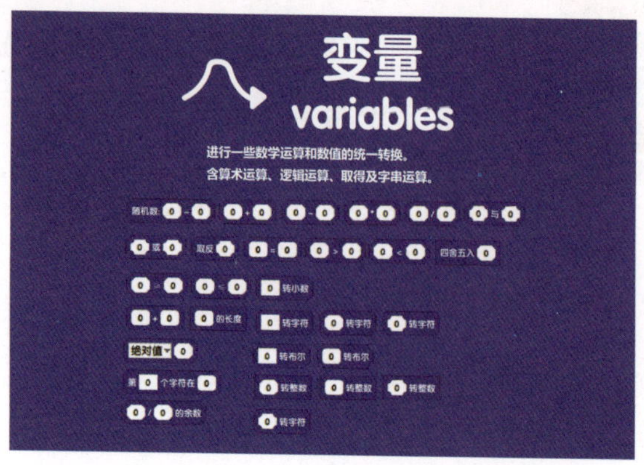

变量
variables
进行一些数学运算和数值的统一转换。
含算术运算、逻辑运算、取得及字串运算。
绝对值

模 块	功 能	
随机数: 0 ~ 0	设置在指定数值范围内随机生成一个带有小数的数值	
编程一分钟	代码解释	视频学习
当程序 开始时 向 上 移动 随机数: 30 ~ 100 转整数 步	当程序开始时,对象向上移动30~100内的随机步数	

模 块	功 能	
0 + 0	对加号两边的内容进行相加	
编程一分钟	代码解释	视频学习
当程序 开始时 向 上 移动 10 + 30 转整数 步	当程序开始时,对象向上移动10 + 30 (即40)步	

模 块	功 能	
0 - 0	对减号两边的内容进行相减	
编程一分钟	代码解释	视频学习
当程序 开始时 向 上 移动 30 - 10 转整数 步	当程序开始时,对象向上移动 30 - 10 (即20)步	

模 块	功 能	
0 * 0	对乘号两边的内容进行相乘	
编程一分钟	代码解释	视频学习
当程序 开始时 向 上 移动 3 * 20 转整数 步	当程序开始时， 对象向上移动 3 x 20 (即60)步	

模 块	功 能	
0 / 0	对除号两边的内容进行相除	
编程一分钟	代码解释	视频学习
当程序 开始时 向 上 移动 30 / 3 转整数 步	当程序开始时， 对象向上移动 30 / 3 (即10)步	

模 块	功 能	
0 与 0	设置“与”字两边的条件只有在同时成立时才产生预设的效果	
编程一分钟	代码解释	视频学习
当程序 开始时 如果 角色自身x坐标 > 0 与 角色自身y坐标 > 0 那么 向 上 移动 10 步	当程序开始时， 如果对象的X轴坐标和Y轴坐标都大于0时， 那么就向上移动10步	

模　块	功　能
 0 或 0	设置“或”字两边的条件只要其中一个成立就产生预设的效果
编程一分钟	代码解释
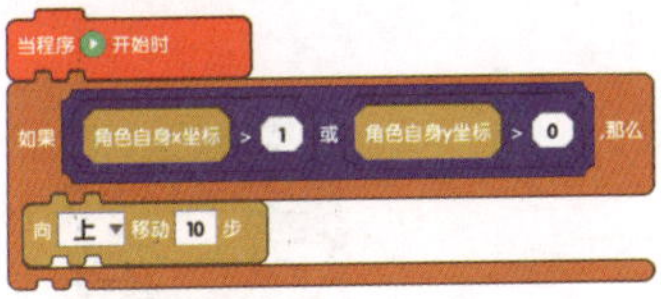 当程序 开始时 如果 角色自身x坐标 > 1 或 角色自身y坐标 > 0 ,那么 向 上 移动 10 步	当程序开始时， 如果对象的X轴坐标大于1或Y轴坐标大于0，那么就向上移动10步

模　块	功　能	
 取反 0	面对已达成的条件，取相反值	
编程一分钟	代码解释	视频学习
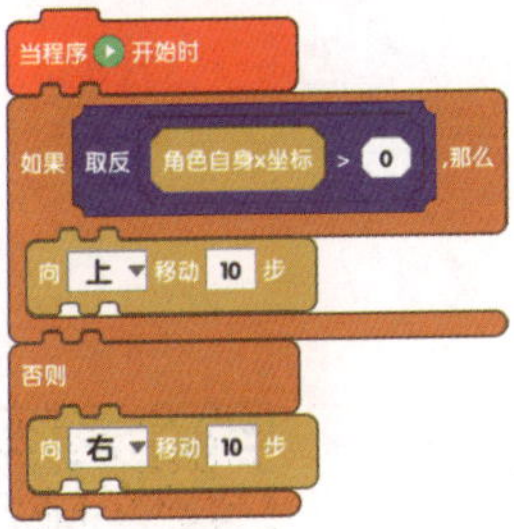 当程序 开始时 如果 取反 角色自身x坐标 > 0 ,那么 向 上 移动 10 步 否则 向 右 移动 10 步	当程序开始时， 如果对象自身的坐标x>0不成立，则向上移动10步，否则向右移动10步	

模　块	功　能	
 0 = 0	设置当等号两边的条件相等时触发新事件	
编程一分钟	代码解释	视频学习
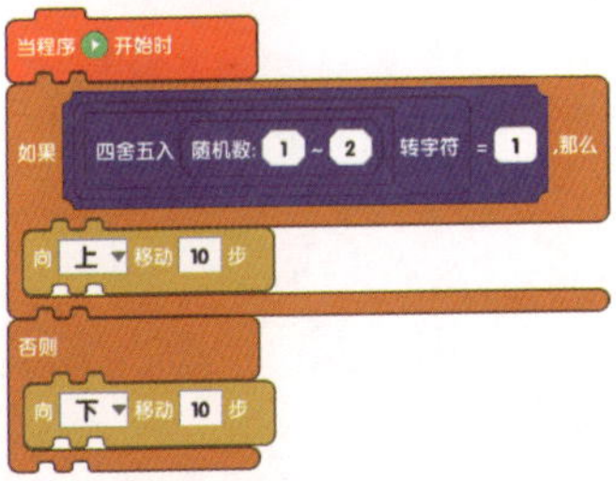 当程序 开始时 如果 四舍五入 随机数: 1 ~ 2 转字符 = 1 ,那么 向 上 移动 10 步 否则 向 下 移动 10 步	设置当程序开始时， 生成1~2内的随机数， 如果随机出来的数值等于1，则向上移动10步，否则向下移动10步	

模 块	功 能
0 > 0	设置大于号两边的条件，然后判断条件A是否大于条件B

编程一分钟	代码解释	视频学习
当程序 开始时 如果 随机数: 1 ~ 10 > 5 ,那么 向 上 移动 10 步 否则 向 下 移动 10 步	当程序开始时， 生成1~10内的随机数， 如果随机出来的数值大于5，则向上移动10步，否则向下移动10步	

模 块	功 能
0 < 0	设置小于号两边的条件，然后判断条件A是否小于条件B

编程一分钟	代码解释	视频学习
当程序 开始时 如果 随机数: 1 ~ 10 < 5 ,那么 向 上 移动 10 步 否则 向 下 移动 10 步	当程序开始时， 生成1~10内的随机数， 如果随机出来的数值小于5，则向上移动10步，否则向下移动10步	

模 块	功 能	
四舍五入 0	对小数数值取整数，小数部分大于或等于0.5的向上取整，小于0.5的向下取整	
编程一分钟	代码解释	视频学习
当程序 开始时 向 上 移动 四舍五入 随机数: 1 ~ 10 步	当程序开始时， 对象向上移动四舍五入后生成的1~10步内的随机步数	

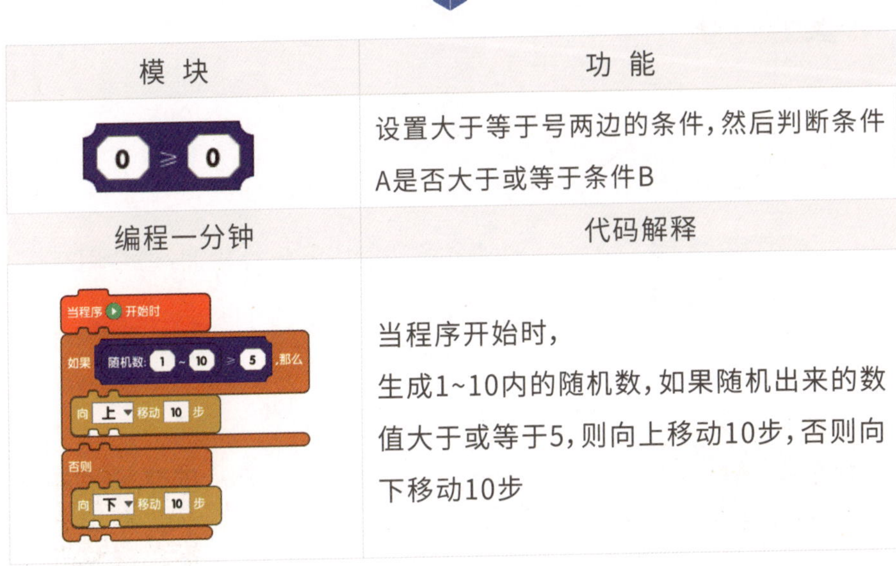

01

模 块	功 能
0 ≥ 0	设置大于等于号两边的条件，然后判断条件A是否大于或等于条件B
编程一分钟	代码解释
当程序 开始时 如果 随机数: 1 ~ 10 ≥ 5 ,那么 向 上 移动 10 步 否则 向 下 移动 10 步	当程序开始时， 生成1~10内的随机数，如果随机出来的数值大于或等于5，则向上移动10步，否则向下移动10步

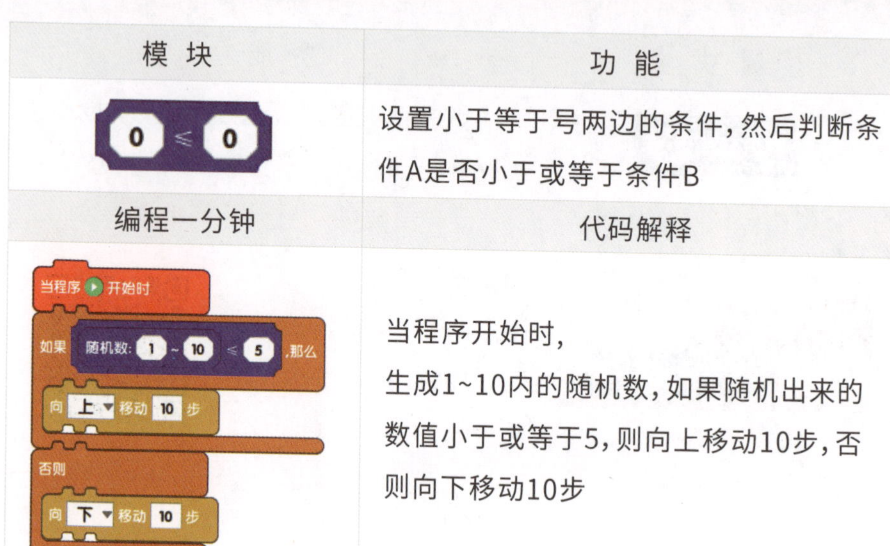

模 块	功 能
0 ≤ 0	设置小于等于号两边的条件，然后判断条件A是否小于或等于条件B
编程一分钟	代码解释
当程序 开始时 如果 随机数: 1 ~ 10 ≤ 5 ,那么 向 上 移动 10 步 否则 向 下 移动 10 步	当程序开始时， 生成1~10内的随机数，如果随机出来的数值小于或等于5，则向上移动10步，否则向下移动10步

模 块	功 能	
0 + 0	对加号两边的内容进行相加，适合用在字符串上	
编程一分钟	代码解释	视频学习
当程序 开始时 设置变量 A 的值为 hello 设置变量 B 的值为 kidbot 设置变量 C 的值为 A + B	在场景中添加变量A、B、C， 当程序开始时，设置变量A的值为hello，设置变量B的值为kidbot，设置变量C的值为A+B，这样显示出来的结果就是变量A+变量B的结果hellokidbot	

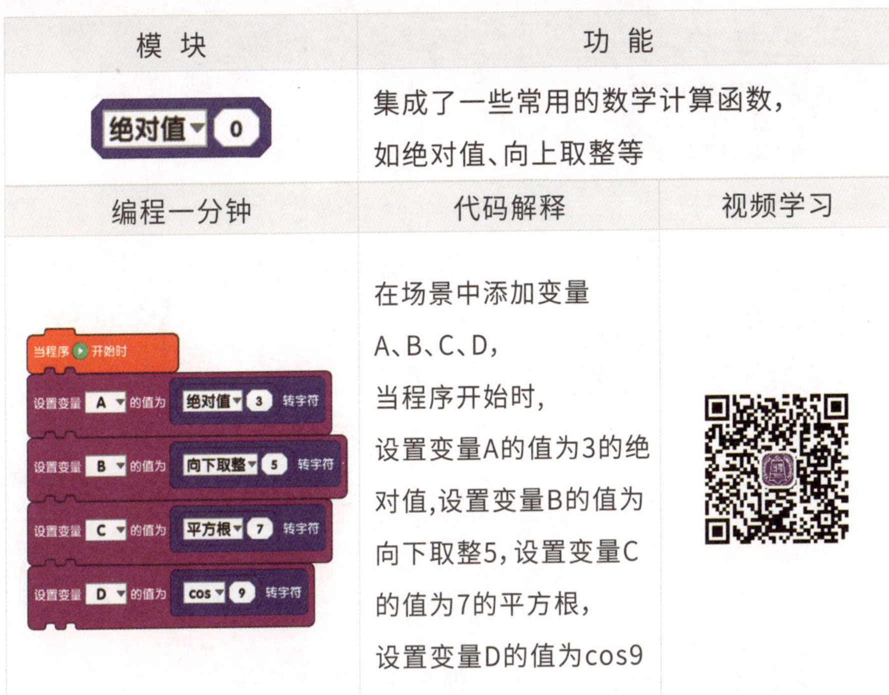

模 块	功 能	
绝对值 ▾ 0	集成了一些常用的数学计算函数，如绝对值、向上取整等	
编程一分钟	代码解释	视频学习
当程序 开始时 设置变量 A 的值为 绝对值 3 转字符 设置变量 B 的值为 向下取整 5 转字符 设置变量 C 的值为 平方根 7 转字符 设置变量 D 的值为 cos 9 转字符	在场景中添加变量A、B、C、D，当程序开始时，设置变量A的值为3的绝对值，设置变量B的值为向下取整5，设置变量C的值为7的平方根，设置变量D的值为cos9	

模 块	功 能
第 0 个字符在 0	显示指定顺序中的字符串中的字符
编程一分钟	代码解释
当程序 开始时 设置变量 A 的值为 第 3 个字符在 kidbot	在场景中添加变量A，设置变量A的值为kidbot中的第3个字符，这样就会显示结果为d

模 块	功 能
0 的长度	计算字符串的总长度
编程一分钟	代码解释
当程序 开始时 设置变量 A 的值为 kidbot 的长度 转字符	在场景中添加变量“A”， 设置变量“A”的值为kidbot的长度， 显示结果就会为6 (统计一共有多少个字符)

模 块	功 能
0 / 0 的余数	计算数学运算中的余数
编程一分钟	代码解释
当程序 开始时 设置变量 余数 的值为 30 / 4 的余数 转字符	在场景中添加变量“余数”， 设置变量“余数”的值为30/4， 显示结果为2，计算出30/4的余数为2

10 定制——创建自定义变量

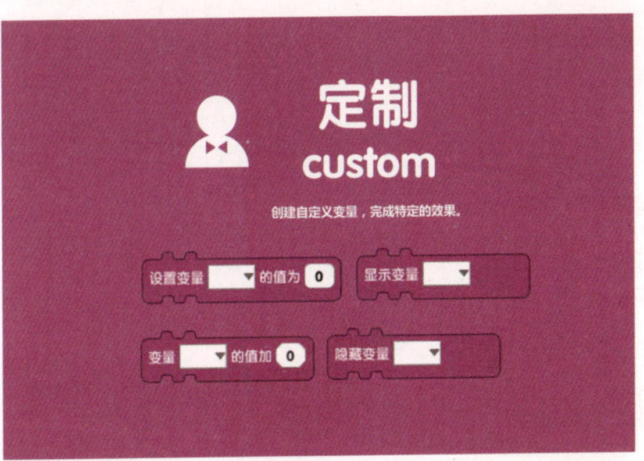

模 块	功 能
设置变量 ▼ 的值为 0	自定义设置手动添加的变量的值

编程一分钟	代码解释	视频学习
当程序 ▶ 开始时 设置变量 A ▼ 的值为 hello 等待 2 秒 设置变量 B ▼ 的值为 kidbot	在场景中添加变量A和变量B， 当程序开始时， 设置变量A的值为hello， 设置变量B的值为kidbot， 结果是变量框先显示hello,2秒后再显示kidbot	

模 块	功 能	
变量 [▾] 的值加 (0)	自定义设置手动添加的变量的值在原有基础上增加指定值	
编程一分钟	代码解释	视频学习
当程序 ▶ 开始时 设置变量 [time ▾] 的值为 (0) 无限循环 等待 (1) 秒 变量 [time ▾] 的值加 (1)	在场景中添加变量time，当程序开始时，设置变量time的值为0，并执行无限循环每等待1秒，变量time的值就增加1。 结果是变量框每等待1秒数值就增加1，就像计时器一样	

模 块	功 能	
显示变量 [▾]	在场景中显示指定变量名称	
编程一分钟	代码解释	视频学习
当程序 ▶ 开始时 显示变量 [A ▾] 等待 (2) 秒 隐藏变量 [A ▾]	在场景中添加变量time，当程序开始时， 显示变量A， 等待2秒后， 隐藏变量A	

模 块	功 能	
隐藏变量 [▾]	在场景中隐藏指定变量名称	
编程一分钟	代码解释	视频学习
当程序 ▶ 开始时 隐藏变量 A ▾ 等待 2 秒 显示变量 A ▾	在场景中添加变量 time，当程序开始时， 隐藏变量A， 等待2秒后， 显示变量A	

达尔文

爱迪生

恩

孩子走在

才能成为未

牛顿

赫兹

普朗克

诺贝尔

斯坦

孟德

技前沿，

领军人物！

普勒

诺依

杨振宁